城市交通规划与管理

张华　冯杰　张弛◎著

线装书局

图书在版编目（CIP）数据

城市交通规划与管理/张华，冯杰，张弛著.--北京：线装书局，2024.1
ISBN 978-7-5120-5887-3

Ⅰ.①城… Ⅱ.①张…②冯…③张… Ⅲ.①城市规划—交通规划—研究 Ⅳ.①TU984.191

中国国家版本馆CIP数据核字(2024)第041656号

城市交通规划与管理
CHENGSHI JIAOTONG GUIHUA YU GUANLI

作　　者：张　华　冯　杰　张　弛
责任编辑：林　菲
出版发行：线装書局
　　　　地　址：北京市丰台区方庄日月天地大厦B座17层（100078）
　　　　电　话：010-58077126（发行部）010-58076938（总编室）
　　　　网　址：www.zgxzsj.com
经　　销：新华书店
印　　制：北京四海锦诚印刷技术有限公司
开　　本：787mm×1092mm　1/16
印　　张：12.25
字　　数：235千字
版　　次：2024年1月第1版第1次印刷

线装书局官方微信

定　　价：78.00元

前　言

随着城市化的持续推进，我国迎来了城市化的发展高峰。大城市、特大城市是根据地，不断地深入发展与扩张；中小城镇是突破点，集中资源迅猛发展。城市的飞速发展，打破了原有的空间状态与规模。城市化最大的体现便是现代交通运输，便捷的交通是一个城市发展的灵魂，带动着整个城市的运作。城市交通拥堵正是这种经济效应的显著表现，缓解城市交通拥堵，已经成为城市管理者、城市交通规划管理研究人员的共同目标。同时，城市的兴起与发展，也推动了交通技术和方式的进步。

本书是一本关于城市交通规划与管理方面研究的书籍。全书首先对城市交通规划与管理的基础理论进行简要概述，介绍了城市交通的内涵、构成以及城市交通管理规划的基础理论等内容；然后对城市交通规划的相关问题进行梳理和分析，包括城市交通的土地利用、网络布局、系统规划、对外交通规划等；之后在城市交通管理方面进行探讨，内容涵盖了城市公共交通管理、城市快速道路交通控制与管理、城市交通管控模式与经济的协调发展等。本书论述严谨，结构合理，条理清晰，其能为当前城市交通规划与管理相关理论的深入研究提供借鉴。

本书参考了大量的相关文献资料，借鉴、引用了诸多专家、学者和教师的研究成果，其主要来源已在参考文献中列出，如有个别遗漏，恳请作者谅解并及时和我们联系。本书写作得到很多专家学者的支持和帮助，在此深表谢意。由于能力有限，时间仓促，虽极力丰富本书内容，力求著作的完美无瑕，虽经多次修改，仍难免有不妥与遗漏之处，恳请专家和读者指正。

目　录

第一章　城市交通规划与管理概述

第一节　城市交通的内涵与构成

一、城市交通的内涵解读

（一）城市交通系统的关系

城市交通系统是城市社会系统中的一个子系统，它既包含于城市社会系统之中，又与城市用地系统和市政设施系统等其他子系统具有交集，它们之间相互依存和制约，人的广泛参与又使得城市交通系统具有高度的复杂性。

城市交通系统是一个具有综合性、立体化的多方式交通系统，从交通基础设施种类而言，分为城市轨道交通、城市道路、城市航道、城市管道和城市枢纽节点等，具有综合性。这些基础设施又被分别设置在地下、地面和地上高架，从而形成立体交通设施。就交通工具而言，有机动车、轨道交通、船舶、非机动车和行人，机动车又分为客车和货车，客车又分为私家车和运营客车，运营客车又分为公共汽（电）车、出租车和包车等，因此城市交通工具是由多种交通方式组成的。就其范围而言，有城市内部交通和城市对外交通。以下对其主要内容分别进行阐述。

（二）城市交通的常见特点

1. 交通量大

城市交通通常具有交通量大的特点。由于城市人口众多，车辆数量庞大，加上城市发展的持续推进，导致交通量呈现出快速增长的趋势。交通量的增加会导致交通拥堵，增加出行时间，给市民的生活带来不便。

2. 交通方式多样

城市交通的另一个特点就是交通方式多样。人们可以选择公共交通工具如地铁、公交车、轻轨等，也可以选择私家车、自行车、电动车等交通方式。不同的交通方式适用于不同的出行需求，方便市民的出行。

3. 交通管理繁琐

城市交通管理繁琐是城市交通的常见特点之一。为了保证交通的有序进行，城市交通管理部门需要制定交通规则，对违反交通规则的行为进行处罚。同时，还需要投入大量人力物力进行交通信号灯、交通标志等设施的维修和更新。交通管理的繁琐使得城市交通管理部门的工作变得复杂。

4. 交通拥堵严重

城市交通的另一个特点就是交通拥堵严重。由于城市人口众多，道路容量有限，再加上车辆数量增加，导致交通拥堵成为城市交通的常态。交通拥堵会导致出行时间延长，给市民的生活带来不便，同时还会增加交通事故的风险。

5. 交通事故频发

城市交通的常见特点之一就是交通事故频发。由于交通量大、交通拥堵等因素，城市交通事故发生的概率较高。交通事故不仅给市民的生命财产安全带来威胁，还会给交通管理部门带来较大的工作压力。

6. 交通环境恶化

城市交通的恶化也是其常见特点之一。交通量的增加、交通拥堵、交通事故等因素都会给城市交通环境带来负面影响。交通环境的恶化会影响市民的出行体验，同时也会增加城市空气污染、噪音污染等问题。

7. 交通运输效率低下

城市交通的效率低下是其常见特点之一。交通拥堵、交通事故等因素都会导致交通运输效率低下。交通运输效率低下会增加出行时间，给市民的生活带来不便，也会影响城市的经济发展。

二、城市交通的构成要素

（一）城市轨道交通

城市轨道交通是以电力为动力、轮轨运行方式为主要特征的车辆或列车与轨道等各种相关设施的总和。它具有运能高、速度快、安全、准时、成本低、节约能源，以及能缓解道路交通拥堵和有利于环境保护等优点。

城市轨道交通因其特点常被称为“绿色交通”。世界范围内人口向城市聚集，城市化步伐加快，大中型城市普遍出现人口密集、住房紧缺、道路交通拥堵、环境污染严重、交通事故频发、能源缺乏等所谓的“城市病”。城市轨道交通经过150年的发展，机车车辆、自动控制、通信和信号等技术取得了很大的进步，很多方面代表和体现了当今高新科学技术发展的水平。发达国家城市交通发展的经验表明，轨道交通是解决大城市公共交通运输问题的重要途径，对于城市可持续发展有非常重要的意义。

自19世纪中叶，在城市里先后出现地铁与有轨电车以来，经过多年的研究、开发、建设与运营积累，城市轨道交通系统已经形成多种类型并存与发展的态势。根据轨道交通基本技术特征的不同，城市轨道交通主要有市郊铁路、地铁、轻轨、独轨和有轨电车等类型。另外，就城市群而言，还有连接城市群内部城市之间的城际铁路。

城市轨道交通系统由多个独立完成不同功能的子系统构成，包括线路、车辆、车站三大基础设备和电气、运行和信号等控制系统。

（二）城市道路交通

城市道路交通是城市交通系统中的一个重要的子系统，由道路设施、管控设备、参与者和车辆构成，其功能是满足城市的各种交通出行活动和城市货物流动。

1. 城市道路交通的方式

城市道路交通是保持城市活力最基础的设施，是城市生活的依托，拉动或制约着城市经济的发展。发展多层次、立体化、智能化的城市交通体系，将是城市建设发展中普遍追求的目标。对城市道路客运而言，发展高、中、低客运量相互匹配的多种形式相结合的道路交通工具，将是实现上述目标的重要技术支持。

城市道路交通从交通方式的角度划分，可以分为公共汽（电）车、行人、自行车、摩托车、小客车、出租车、作为公共交通补充的各类班车及各类货运汽车等。

（1）公共汽（电）车

①公共汽车

现阶段，虽然快速轨道交通越来越普遍，但丝毫没有撼动公共汽车作为主要的客运方式的地位，很多发展中的国家，公共交通正在大量的使用，即使是发达国家，公共交通也是非常重要的交通方式。这说明公共汽车有其不可替代的使用价值。公共汽车所具有的特性，正像其他交通工具和交通方式一样，都有其独特的优越性和局限性。

公共汽车是城市最常见的一种公共客运交通工具，运量较大，运距较长。公共汽车的技术性能优势有加速性能好、机动性强、操纵轻便、乘坐舒适方便等。

我们国家的公共汽车分为很多类型，如果按照可载乘客数量来分的话，分为小、中、大三种。小型公共汽车的载客量为60~90人，中型为90~130人，大型铰接车为130~180人。

②公共电车

城市公共电车是一种以电力为动力，由导线导向的公共汽车，是一种运量较大、运距较长、环境友好的公共交通方式，在我国获得了比较多的应用。以北京的公共电车为例，一般采用2节车厢铰链式，载客130~180人。

③出租车

出租车在城市客运交通中起辅助作用，因而也称为准公共交通。出租车有四种车型，分别是微型、小型、中型和大型。租车者可以根据自己的需要来租用合适的车型。出租车在其运行的范围内，乘客可以制定起止点，比起其他的交通方式，出租车更加便捷。

（2）私人交通

①小客车

小客车的特点是机动性强，是可以实现“门到门”运输的个性化交通工具，适应的出行距离长。它可以根据乘客的需要来制定或者改变路线、由于不需要换乘，舒适度较高，而且比较符合个人的意愿，所以非常适合个人来使用。小客车的使用提高了人们的工作效率，加快了生活节奏，节约了时间，改善了出行条件，扩大了活动范围，带动了产业的发展，小客车无疑是现代世界物质文明的一大进步。但是也应看到，由于小客车的发展和广泛应用，特别是无计划、无控制的任意发展，在污染、交通、能源、占地等方面给城市带来了一系列难以解决的矛盾，使整个城市功能倾斜，城市交通已逐渐失去了它原本的服务本质。

②自行车

自行车作为交通工具与城市交通方式之一，首先在西欧、北美的一些国家和城市得到应用和发展，经历了自行车交通多于汽车交通时期。非机动车使用起来非常自由方便，不需要汽油等燃料，而且非常环保健康，造价也普遍偏低，经济耐用性很强，非常符合广大民众的需要，这些是非机动车的优点。但其同时也存在缺点，如安全性低，舒适度差，稳定性也较低，还会受天气路况和距离远近的影响等。

③摩托车

摩托车也是机动灵活、门对门、个性化交通工具，具有较强的机动性，适用于城市内部中短距离的出行。我们国家把摩托车分为两种，一种是轻便摩托车，另外一种是摩托车。轻便摩托车的特点是：发动机的工作容积小于50毫升，最大时速小于50千米。摩托车的特点是：质量小于400千克，最大时速大于50千米，或发动机容量大于50毫升的两轮或是三轮的机动车。

④步行

步行是最基本、最健康的末端交通方式。行人交通是城市交通综合体系的重要部分。在现代城市内，步行作为上班等工作出行的比重虽逐渐下降，但作为中心商业区、住宅区和各种交通方式末端和换乘的方式，步行交通有其不可替代的作用。在中小城市，步行交通在交通构成中仍占有相当重要的地位。在机动化出行日益增强的现代化社会，如何尽量弃车步行将再度成为衡量现代社会文明和出行者文明的标志之一。

在大城市中心商业区，行人流量一般都很大，为2~3万人/小时，节假日短时间甚至高达3~5万人/小时。我国观测资料表明，步行交通在大城市中平均约占总出行量的37%，中等城市占50%以上，而小城市多达70%以上。我国的步行交通所占比例要比美国的高很多。不过在市区、商业区和住宅区的比重还是比较大的，一般步行比重在商业区为12%~25%。而在日本，在一些大城市如大阪、名古屋、东京等城市，步行的比重超过了1/4。

2. 城市交通的结构

一个城市交通的发展策略决定了这个城市交通的结构形态。是现代城市交通系统的最高层次。现代城市交通体系包括公共汽电车、小客车及采用双轨、独轨、导轨、磁悬浮轨道的各类列车，交通网络包括地面道路网、地下轨道网络、地上高架道路、高架轨道。

城市交通结构体现在两方面：其一是作为各种交通方式载体的基础设施，即道路网络、轨道交通网络和公共汽电车网络的比例结构；其二是公共汽电车、轨道交通、私人小客车等交通方式的客运量比例结构，也称划分率。保持两者的合理结构，对解决城市交通问题至关重要。

目前的城市交通结构，可以概括为以下两种类型。

（1）以大运量公共交通作为主要交通工具的类型

公共交通在这类城市结构中处于主导地位，公共交通包括无轨电车、小型公共汽车、公共汽车、城市铁路、地铁、市郊铁路、新交通系统等在内的综合公共交通系统。这一类型的城市一般都是城市建设密度较大的城市。如日本的8个主要城市的公交客运量占总客运量的51.6%，而小客车只占12.3%。俄罗斯的莫斯科、新加坡及我国的香港，城市客运都是以公交为主体。

（2）以私人小客车作为城市主要客运交通工具的类型

这一类型的城市建设密度小，公交运营费用昂贵，效率很低。如美国的旧金山、洛杉矶、底特律、达拉斯、圣地亚哥等城市公交划分率均不到10%，而小客车的出行量大多占总出行量的70%以上。旧金山市的客运结构中，小客车占总出行量的75%，公交占8%，步行占15%，其他占2%。

（三）城市航运交通

城市航运，即城市内河航运，是利用水上运输工具，如客船、货船和驳船等进行水上客货运的交通运输系统。

1. 城市航运船舶的种类

（1）客船

客船是指载运旅客及行李、邮件的运输船舶，一般搭载旅客在12人以上。客船分为海洋客船、旅游船、汽车客船和滚装客货船、小型高速客船和内河客船5种。用于城市内河水运的客船一般以小型高速客船（水上巴士）和内河客船为主。

①小型高速客船

包括水翼船和气垫船，具有速度快、适航性好的特点，多用于短途运输。

②内河客船

航行于江、河、湖等内陆水域上，载客量大且停靠频繁。

（2）货船

货船是指所有运输货物的船舶。一般来说，是不允许搭载乘客的，即使搭载，也不能多于12人，其包括散货船、集装箱船、液货船、滚装船、载驳船、冷藏船和驳船等，在城市货运中，以驳船居多。

驳船常指靠拖船或推船带动且为单甲板的平底船。上层建筑简单，一般无装卸货设备，也有的驳船自己有动力装置，称为自航驳。在沿海地区、内河和港内，驳船比较常见，因为这些区域基本上都是使用驳船来运送货物的，他们一般是将那些进不了港或者进港困难的大型货船上的货物进行转运，或者以船队的形式承接运输业务。驳船由于其体积较小，且结构简单，所以制造成本和管理维护费用较低，还可以在浅水且狭窄的水域内自由航行，可自由地进行组队等。

在我国的大部分城市，由于水系资源的缺乏，与其他交通方式相比，城市水上运输所占份额很少，多服务于城市观光旅游。

2. 船舶设备及装置

现代船舶除了船体以外，为了使船舶正常运行，运送货物与旅客，还要安装相应的装置和设备。比如船舶动力装置、船体舾装设备、船舶管道系统、船舶电气设备、船舶通风、冷藏、空调等。这里主要对船舶动力装置和船体舾装设备进行详细的介绍。

（1）船体舾装设备

①舵设备

在船舶上控制方向的装置称为舵设备。主要包括传动及操纵装置、舵机、舵等部分。舵系统控制方向的原理是：驾驶员通过控制舵轮（手柄），如果是自动舵的话，则由其发出信号，然后在传动装置的带动下，舵机进行工作，然后舵则在舵机的带动下转动起来来控制船的方向。舵的设计原则是使舵产生的转船力矩最大，而转舵所需要的力矩最小。通常舵装在船尾螺旋桨后，远离船舶转动中心，使舵产生转船力矩的力臂最大，而且使螺旋桨排出的水流作用于舵上，增加舵效。

②锚设备

主要有三部分，分别是锚、锚链和锚机。锚的主要作用是辅助制动，用来控制船舶在锚地停泊的时候使用。锚工作的原理是通过其在海底约是锚重四五倍的抓力加上锚链与海底地面产生的摩擦力来控制船舶。

常见的锚分为有档锚、无档锚及大抓力锚。商船常用的锚为无档锚中的霍尔锚。一般在船首左、右各布置一只锚，成为主锚。较大船舶还有备锚和装在尾部的尾锚。锚链用于连接锚与船体，当锚链在海底时，也可增加固定船舶的拉力。它由链环、卸扣、旋转链环和连接环组成。锚链的大小以链环的断面直径表示。锚链长度的单位是节，一般左右两侧舷锚链的长度分别是 12 节，每一节的长度是 27. 5 米。而锚机的作用则是收锚，或者减小放锚的速度。目前商船上采用卧式锚机，两边通常还带动两个系缆绞盘用于收绞系缆用。

③系泊设备

大多数船舶都采用系泊的方式来停泊的。系泊就是用船舷两侧的绳子把船固定在码头。绳子分为钢丝绳、棕绳和尼龙缆。尼龙缆是现在大多数船舶使用的缆绳。系泊船不仅需要缆绳，还要有导缆装置、带缆桩、卷缆车、绞缆机。如果船只比较先进的话，其卷缆车上就带收绞缆绳的动力。

④起货设备

起货设备是指一种机械，主要用来装载货物和卸载货物。如果货物是液态的，则采用管路和输送泵来起货，如果货物是零散小件的，就会采用输送带或者抓斗的方式起货，如果货物体积较大，则会使用吊车或者吊杆来起货。一般来说，起重柱（或桅）、吊杆、钢丝绳、起货机、吊钩等部件就组成了起货设备或者吊杆。

起重吊车，将起货设备与起货机械合为一体。目前船上一般使用单臂吊车，又称为克令吊，克令吊通常布置在船首尾线上，也有全部布置在船舷一侧。负荷小的为几十吨，大的可达 500 吨。船上除克令吊，还有门式起重机。

⑤救生设备

救生设备就是指船舶在水上发生事故时，必须要放弃船只时，为了保护船上成员的生命安全而配备的用来救生的工具，有救生圈、救生衣，救生艇等。

船舶不仅要配备以上的设施及工具，还要有门窗、消防设施、密封门等。

（2）船舶动力装置

船舶动力装置是船舶上所有动力设备的统称，包括船舶前行和其他各种能源。

有的将它扩大为满足航行、各种作业、人员的生活和安全等需要所设置的全部机械、设备和系统的总称。船舶动力装置由推进装置、辅助装置、船舶管系、甲板机械与自动化设备组成。

①推进装置

推进装置是船舶上一类设备的总称，船舶设置这类设备的目的就是为了保证航行速度，推进装置是船舶动力装置中的中心部分，也称主动装置。主动装置包括四个部分，主机、轴系、传动系统和推进器。轴系驱动器和传动设备将主机发出的动力转化为推力，推动船舶前行。根据主机形式不同，船舶动力装置可分为蒸汽动力装置、燃气动力装置和核动力装置。燃气动力装置的主机是采用直接加热式（内燃式），燃烧产生物即是工质。根据运动方式的不同，分为柴油机（往复式）与燃气轮机（回转式）动力装置两种。目前民用船舶使用内燃机最普遍。柴油机具有热效率高、起动迅速、安全可靠、质量轻、功率范围大等优点。在大中型民用船舶上使用的柴油机有大型低速和大功率中速两大类。船舶动力装置由于工作条件的特殊性，要求可靠、经济、机动性好、续航力长等。

②辅助装置

船舶除了需要推行装置所产生的能量外，还需要其他的能量，这部分能量就是由辅助装置来产生的。辅助装置一共有三个部分，压缩空气系统、船舶电站，还有辅助锅炉装置。压缩空气、电能和蒸汽就是由它们产生的。

③船舶管系

船舶管系是指为了某一专门用途而设置的输送流体（液体或气体）的成套设备。根据用途来区分，可分为两种：

动力系统：它是一种管系，主要是用来服务主机和辅机安全运转的，有蒸汽、润滑油、燃油、淡水、海水、压缩空气等多个系统；

船舶系统：这个系统是用来保障航行的安全和船上人员的日常生活服务的，有舱底水、压载、通风、空调、消防、饮用水等。

④甲板机械

船舶在行驶中、停泊时以及装卸货物时都需要有设备进行配合，比如起货机、锚机、舵机等，这类设备就是搅拌接卸。

⑤自动化设备

将设备设置成自动化的好处是可以对动力装置在远距离的地方进行操控，还可以对所有的设备进行集中的操控，可以将船舶上员工的工作条件优化，从而使工作的效率大大提高，同时维修方面的工作量大大减少。自动化的方式主要有自动调节、遥控、自动监测、自动报警，而自动化设备就是这一类设备的总称。

（四）城市智能交通

1. 智能交通系统的阐述

智能交通系统是指在整个交通运输管理系统中融入先进的技术，这些先进的技术有数据通信传输技术、信息技术、计算机处理技术，还有电子控制技术等，并把它们综合起来。同时对于交通信息进行及时的搜集、传送和处理；利用先进的科技方法和设备来及时地对交通情况进行调解和处置，从而构建一种先进的综合运输管理体系，具有准确、高效、实时的特点。这样的话，交通设施可以尽可能地发挥其作用，还能在安全性和效率方面得到很大的提高，最后也能实现交通运输在管理和服务两个方面的智能化，及其集约式的发展目标。

2. 智能交通系统的特征

在世界范围内，各国就 ITS 技术积极地开展开放式交流。1994 年，第一届 ITS（Intelligent Transport Systems，智能交通系统的缩写）世界大会在法国首都巴黎正式开幕，这次会议的发起者是日本 VERTIS 和美国 ITS 协会，还有欧洲的 ERTICO。这次会议之后慢慢地在很多国家都成立了 ITS 组织，如加拿大、韩国、澳大利亚等。后来日本 VERTIS 提议，组成了 ITS 亚太地区指导委员会，成员国有中国、新加坡、日本、韩国、印度、泰国、马来西亚、澳大利亚等。第一届的 ITS 世界大会成功召开之后的每一年，世界五大洲就轮流作为东道主来举办一次 ITS 世界大会，而且每次大会的参会人数都不少于两千人，这极大地促进了 ITS 在世界范围内的交流和发展。

分析其特征，有以下几点共性：这些发达国家的政府机关都非常的支持 ITS；设立了专门的机构来负责 ITS 方面的领导和协调工作；这些国家的社会群体的积极参与性高；产品的种类丰富。

除美国、欧洲、日本外，世界上其他国家或地区也积极地投入到ITS的研发和实施中，主要包括加拿大和澳大利亚，以及亚太地区的一些工业化国家，如新加坡、马来西亚、韩国等。

3. 智能交通系统的组成

智能交通系统的主要内容包括：先进的交通管理系统（advanced traffic management system，ATMS）；先进的旅行者信息系统（advanced traveler information systems，ATIS）；先进的公共运输系统（advanced public transportation systems，APTS）；商用车辆运营系统（commercial vehicle operation，CVO）；先进的车辆控制系统（advanced vehicle control system，AVCS）；自动公路系统（automated highway system，AHS）等。

（1）先进的交通管理系统

为了监视、控制和管理城市街道和公路交通而设的一系列法规、人员、硬件和软件的组合，先进的交通管理系统的主要功能子系统包括交通监视、装置控制、事故管理、出行需求管理、废气排放管理、公路铁路交叉口管理。

（2）先进的旅行者信息系统

先进的旅行者信息系统是运用各种先进的通信、信息技术向利用私家车、公共汽车或同时利用这两种交通方式的出行者提供所需的各种出行相关信息的系统，主要包括以下5种服务。

①出行前信息服务

出行者可以利用现代社会中先进的技术，如计算机网络、多媒体、通信、电子技术等，在出行之前借助于各种媒体来对出行目的地的信息服务系统进行访问，可以得到一些有关的信息，如出行的道路、出行的时间、出行的方式、现在道路和公共等交通系统等，从而为制订出行计划提供了依据。

②行驶中驾驶员信息服务

可以采用声音或者影像的方式来将出行的选项、道路状况、车辆在行驶状态下的准确信息、警告方面的信息等传达给车辆驾驶者，还可以给有需要的驾驶者提供导航功能。

③途中公共交通信息服务

对于已经在途中的公交乘客来说，可以采用先进的技术使他们无论是在路边，或者是站台、又或者是车辆上，都可以随时的借助多媒体来了解最新的公交出行的信息，这样乘客就可以根据自己的实际情况来调整自己的出行，如路线、时间、方式等。

④个性化信息服务

采用先进的信息技术，然后借助于各种各样的媒体和可携带的小型设备、如智能手机、平板电脑等来对一些个性化的信息服务系统进行访问，便可以查询到一些有关于社会公共服务或者设施的信息，如商场、医院、酒店、停车场、汽车修理厂等的详细地址、联系电话、营业（或办公）时间等。

⑤路径诱导及导航服务

可以采用先进的技术，如信息的采集、处理、发布、通信、电子技术等方面，这样可以把大量的与行驶有关的信息传达给驾驶者，让他们所行驶的路径是最好的，车辆在路途中也避免了不必要的滞留，进而不仅大大减小了交通压力，同时交通堵塞和时间延误的情况也得到了很大的改善。

（3）先进的公共运输系统

公共交通一直致力于舒适度、便捷性、运行效率等方面的提高，并且效果显著，所以，它一直以来也被认为是化解交通拥堵的良方。ITS 系统的子系统包括公共运输系统。而 APTS 是一种新型的城市客运公共运输体系，它的主体是公共汽车和电车（有轨和无轨），其他的方式为辅，如出租汽车、轻轨、地铁、客运轮渡等。把先进的电子技术运用到一些车辆的使用和运行之中，这些车辆包括使用频率高、拼车形式的车辆，搭载人数较多且舒适度较高的公汽，还有就是依靠轨道来行驶的车辆等。来促进公共运输系统的发展壮大。

（4）商用车辆运营系统

商用车辆运营服务涉及商用车辆的运营生产管理、安全性能管理等多个方面。通过提供商用车辆运营服务，可以简化如注册情况、车辆技术性能、轴荷、尺寸等检查的程序，优化配送计划，提高管理效率，减少延误，提高运输生产效率。此外，该系统还能为商用车辆运营提供有效的检查、监控，提高商用车辆营运的安全度。

商用车辆运营用户服务主要包括商用车辆电子通关、商用车辆管理、车载安全监控、危险品应急响应和商用车辆辅助运营等。

（5）先进的车辆控制系统

先进的车辆控制系统是由一系列车载设备组成的检测、决策及控制系统，该系统与基础设施或其协调系统中的检测设备配合来检测周围环境对驾驶员和车辆产生影响的各种因素，并根据检测结果进行辅助控制或自动驾驶控制，以达到行车安全高效和增加道路通行能力的目的。其本质就是将先进的检测技术、通信技术、控制技术和交通流理论综合运用于车–路系统中，为驾驶员提供一个良好的驾驶环境，在一定的条件下实现自动驾驶。

（6）自动公路系统

自动公路系统是指用现代化的传感技术、通信技术、计算机技术和检测技术装备的公路系统。它能够实现车路通信和车车通信，利用车辆上的智能车载设备自动控制车辆的行驶方向、行驶速度和车辆间距，从而使车辆自动行驶于其上。

美国国家自动公路系统联盟（National Automated Highway System Consortium，NAHSC）将 AHS 诠释为：以目前的公路系统为基础进行改装，能够实现全自动的无人（hands-offend feet-off）驾驶，在安全性、有效性和舒适性上都要优于目前的公路系统，同时要让装备了智能设备的车辆不仅能够在自动公路上行驶，也要能够在非自动公路上行驶，在城市道路上是如此，在乡村公路上亦然。

（五）城市交通发展模式

1. 城市交通发展模式的特征

城市交通发展模式是指交通运输在一定的区域范围内、一定的社会经济发展水平和一定的用地模式环境下形成的相对稳定的、具有特色的各种交通运输方式在结构、比例、功能和形态上呈现出的整体形式。和谐的城市交通源自该发展模式与城市土地利用和城市经济发展的和谐。城市交通发展模式的特征主要体现在以下几方面。

（1）交通运输发展水平体现了在一定的区域范围内、一定的社会经济水平和一定的用地模式环境下，各种交通方式的完善程度、供应能力的发达程度。（2）各种交通方式在整体交通运输系统中的地位、作用、比重、结构，以及各种交通运输方式之间的分工协作所形成的格局。（3）交通运输为满足和促进社会经济和城市土地利用发展需要，在历史发展过程中形成的交通枢纽、交通网络、交通工具的辐射范围、运输能力、运输速度和运输适应性等综合功能。（4）交通发展模式反映了社会经济发展、土地利用与交通发展的相互作用及交通自身发展规律，决定了交通发展趋势和起主导作用的典型交通运输形态。

2. 城市交通发展模式的政策制定

交通布局的合理对一座城市来说十分重要，所以，国内很多城市都对交通系统的构建展开了全面的研究，并且在实践中不断完善交通的标准，这些研究有助于提高居民的生活质量。交通政策的选择要适合城市的交通发展模式。

（1）美国模式（以多元化政策体系调节城市交通发展模式）

美国国家汽车工业非常发达，号称“车轮上的国家”，自从 1886 年，卡尔·本茨（Karl Benz）制造出第一辆汽车以来，汽车工业在全世界获得了迅速的发展、由此带来巨大的交通系统，因此，自 20 世纪 80 年代初以来，传达到美国地方的“自治政策”，从而促进了城市道路网建设，形成现代城市道路网络。然而，新的交通需求增长，导致交通更快速成长，需要新机会，而城市道路交通堵塞越来越明显。作为一种经济手段，监管政策首先是公路税和政府控制需求。到20世纪80年末，所有发达国家都采用了“绿色税制”，把汽车及汽油消费税收政策与国家环境政策直接联系起来，以期有效地抑制汽车总消费，达到既降低污染又缓解道路交通拥堵的目的。可以说，以经济手段为主的调控行为是该阶段美国交通发展模式的一个显著特点。进入20世纪90年代以后，旨在解决纯供给或纯需求方面的收费政策开始暴露出各自的局限性，当人们驾车消费成为一种习惯之后，经济杠杆的单纯作用越来越弱了。此时，美国政府开始扩展政策的视野，调整政策的重点，对公路交通拥堵的控制政策进入一个全新时期。这一阶段的特点是：政府从供需两个方面共同努力，以控制交通拥堵。需求方面的拥堵控制政策用来调节人们对运输系统现有能力的需求行为。这些政策通过多种多样的手段，来降低车辆运输的总量或在特定时期内降低特定路段及方向上的车流量等。具体政策也不再局限于经济调控，还包括了车道使用及分道政策、通信替代政策、交通信息服务政策甚至行政干预政策等。供给方面的拥堵管理政策的实施重点也有所改变，从过去以新修公路、扩大道路供给能力为主改为以鼓励和刺激公众充分利用现有公路的能力为主。其具体政策有区别对待政策及公交配套运用政策等。实践证明，这种着眼需求、立足现状的综合交通管理政策，能够有效地减缓城市交通拥堵状况。

（2）莫斯科模式（以公共交通为主、以大运量快速轨道交通系统为骨干的城市交通发展模式）

莫斯科作为俄罗斯的政治、经济、文化、交通中心和重要的国际航空站，水、陆、空等各种交通运输方式齐备，城市内部交通全方位、立体化。城市交通系统主要由地铁、城市铁路、公交车、私家车等组成。莫斯科作为一个现代交通系统的城市，与其他国家的大城市相比，最明显的区别是莫斯科基本上坚持公共交通，地铁（大众快速轨道交通系统）是城市交通建设政策的支柱。加上外来人口和流动人口，莫斯科是人口超过百万的超级大城市，但城市交通问题并不突出，而且城市的道路交通设施用地只占城市总用地的10%，相比大量使用小客车的国家要节省用地25%~30%，城市交通的能源消耗相对减少，城市环境也更加良好，其主要原因是莫斯科50多年来一贯坚持这条总方针。

在莫斯科客运交通结构中，地面公共电汽车占55%，其次是地铁和城市铁路，分别为28%和11%。如把有轨电车也作为轨道交通考虑在内（因为莫斯科方面正在考虑将部分有轨电车改造为轻轨），则有轨快运交通比例可能高达46%。由于历史原因，莫斯科的私人小客车发展速度较慢，所以在城市交通客运量中的比例仅为4.5%左右。所以，从总体上看，莫斯科城市客运交通中，公共交通部分占了94%，是一个非常典型的以公共交通为主的城市。

（3）中国模式

①中国香港模式（以公共交通为主导，限制个体交通的城市交通发展模式）

香港由于人口众多且高度集中，日客流量高达1000万人次。土地道路网络就成了世界联通的方式，香港政府限制私人交通，成为了世界交通网络最密集的地方，发展公共交通，造就了香港发达的交通系统，在客运运营上可以说是世界的典范，尤其是轨道交通的相互协调，使得这种方式几乎完成了城市客运量的九成，在城市的交通建设中发挥了巨大的作用。香港特区政府规定，公共交通经营企业达不到指定的赢利标准时，可以向政府提出申请，要求适当提高票价。由于经营公共交通利润有保障，行业发展环境稳定，极大地吸引了各方投资者，进一步加速交通发展的同时，政府也对一些公共交通做出了补偿，如经济和道路的优先使用权等，甚至开辟了公共交通的专用道路还有一些免收费政策等。此外，香港特区政府还要求企业根据客运量的变化，定期进行行车路线和站点的调整。一系列的交通政策切实、有效地确保了公共交通的优先地位。并且，香港也在建造公共交通的时候限制了私家交通的运行，减少了小汽车的使用，提高了拍照所需要的费用，私家车的数量超过一定程度政府就要增加税收，同时购车优惠也要取消。其次，香港特区政府还通过控制停车位的方式来控制小客车的使用需求。香港市区的停车场极少，停车位的售价极高，不经允许，企业不得经营。

②中国内地模式

在我国内地的许多城市，自行车、摩托车等慢行交通工具一直发挥着其使用方便、准时可靠和价格低廉的特点，成为城市交通系统中一个重要的组成部分。我国尚处于机动化和城镇化发展过程中，城市交通系统的欠账过多，可以说还没有形成显著的发展模式，只是根据城市发展水平的不同，城市交通的发展方向有些差异，突出的表现有北京、上海等大城市以建设道路为主发展为建设轨道交通和公交系统并举的发展模式。我国进行了大部制建设，就交通运输而言，组建了交通运输部，逐渐将民用航空运输、邮政、铁道和城市公共交通的运营管理归入交通运输部。由交通运输部推行的“公交都市”目前正在40个城市示范应用。相对上述国家和地区城市交通的特点，我国城市交通的主要特征如下：

A. 城市交通基础设施薄弱

我国为发展中国家，绝大部分城市的交通设施仍处于开发时期，城市交通基础设施的基本建设任务尚未完成，与发达国家相比，我国的城市交通基础设施薄弱，主要表现在以下两个方面：

a. 城市道路密度、人均道路面积率都相对较低，我国城市道路面积率多在3%以下，而发达国家城市则在10%以上，我国城市交通建设用地面积一般都不到10%，而发达国家的城市交通建设用地往往达20%以上；b. 城市交通管理设施薄弱，多数城市道路的交叉口信号灯设置率不到50%，绝大多数城市道路信号交叉口为单点定时控制。

B. 交通出行结构复杂

在发达国家，城市居民的主要出行方式为步行、公共交通及私人小客车，这3种出行方式占总体的99%以上，自行车、出租车、摩托车等出行方式均较少。在我国，城市居民的主要出行方式为步行、公共交通及自行车，这3种出行方式占总体的60%~95%，出租车、摩托车、单位车、私人小客车等出行方式也占有一定的比例，一般不超过10%。在我国城市居民出行三大方式中：自行车出行是主体，占50%~60%；其次是步行，占20%~30%；公交车出行占第三位，个别特大城市的公交出行率占20%，但大多数城市的公交出行率仅占10%左右。

C. 道路交通流机非混行

我国是自行车大国，道路交通流中自行车占有很高比例。除了城市快速路及部分主干路实行机非分离外，大部分主干路、次干路及支路均为机非混行。

D. 道路交通密度高、速度低

上述3种特征导致了我国城市道路交通流中机动车、非机动车及行人之间的相互干扰，我国城市道路机动车运行车速一般都较低，交通流密度高。

第二节　城市交通管理规划基础

城市交通是否顺畅决定了这座城市的社会经济活动的发展状况。在经济快速发展的过程中，城市交通呈现出的拥堵现象越来越严重。政府管理部门制定了近期实施性专项规划，来治理城市交通出行的各种问题。合理的城市交通管理规划，最大限度地帮助城市交通解决了很大部分的道路拥堵情况，现有的路网服务也随之越来越便利。

一、交通管理规划阐述

欧美发达国家在20世纪70年代基本完成大规模的城市交通基础设施建设后，从20世纪70年代末即开始将城市交通的重点定位于交通管理。20世纪80年代初中期着重于利用计算机、通信及控制技术对城市交通实行系统管理，20世纪80年代后期至20世纪90年代初期，又强调了城市交通的需求管理。20世纪90年代中后期，又相继把当代最先进的高科技引入城市交通管理，耗费巨资实施以实现智能化交通环境为目标的各类大型研究计划，其重要目标就是做好城市交通管理规划工作。

我国城市道路交通管理相关工作，正在用现代的交通管理方法逐渐地代替传统的管理模式。通过对未来交通管理工作的总体进行有效的把握，更好地增强交通管理的前瞻性。站在一定层次战略高度上制定科学的交通管理对策，利用完整的道路交通管理规划，保证了交通管理机制长期有效地执行下去。在城市多个部门共同合作下，同时加大软件和硬件的投入，来推动城市交通不断地向前发展，争取在一定时间内解决各大城市出现的交通“痼疾”，尽快地使我国的城市道路交通管理工作得到有效的整治。城市交通管理规划中，对“畅通工程”的执行情况成了评判这个城市交通管理水平的主要考核标准，致使在全国范围内的城市交通管理规划编制得到快速的开展。城市交通管理水平按照不同的等级划分，将城市的交通现状评判为模范管理模式和优秀管理模式，以及良好管理模式和合格管理模式。具体评价项目有交通有序畅通、管理科学高效、执法严格文明、服务热情规范、宣传广泛深入、设施齐全有效。

根据交通管理的目的和内容，以及目前国内编制城市交通管理规划的经验，城市交通管理规划工作可以概括为以保障城市交通安全、提高交通系统运行效率、有效管理交通需求为目的，根据社会经济与交通发展对交通管理的要求，依据城市总体规划、城市用地规划、城市交通规划及城市交通运行现状调查，应用交通工程、系统工程的理论和方法，制定城市交通管理的目标与策略，对城市交通管理体制、城市交通系统管理组织、城市交通管理设施、城市交通安全管理及城市交通管理科技应用与发展进行系统规划。

二、交通管理规划的内容

为了达到城市交通管理规划的编制目的，城市交通管理规划由交通管理现状问题与需求分析、城市交通管理发展目标与策略、城市交通管理长效发展机制、近期交通系统管理改善方案以及规划实施行动计划等部分内容组成。

（一）城市交通管理现状问题与需求分析

第一，通过交通流量流向，路段车速，交叉口的通行能力、延误和服务水平，停车场（库）布设及停车状况，公交线路的行程时间、满载率、平均速度、直达率、换乘率、换乘时间等各类调查，分析评价城市道路交通运行现状与问题。

第二，从道路网络、等级、密度，公共交通场站位置、容量、发车频率、线路长度、线路停靠站、车站形式，停车场、枢纽位置、面积、规模等方面分析评价城市交通管理的基础——城市道路交通基础设施条件，区分引发交通问题的主导原因，也为在交通综合治理中提出相关工程技术措施提供依据。

第三，从道路的标志、标线、交叉口信号灯、人行过街设置，交叉口的交通渠化组织，路网单行道、分时段或分车种车辆禁行等交通组织形式分析城市交通系统组织方面存在的问题。

第四，从交通管理队伍建设、城市交通监控与管理中心完善程度、城市智能交通发展以及其他交通管理科技应用等方面分析城市交通管理软硬件现状存在的问题。

第五，在城市交通管理现状及问题分析基础上，结合相关城市经济和交通发展预测分析近期及未来城市交通发展的态势，提出城市交通管理在交通管理机制、交通管理队伍、交通管理设施水平、交通管理科技等方面的需求。

（二）制定城市交通管理发展目标和策略

城市交通管理的核心目标应当是确保城市道路交通的有序、安全、通畅。充分发挥交通管理效能，近期以综合治理交通秩序，合理组织与渠化交通、缓解城市交通拥挤堵塞为重点；远期则以实现与城市社会经济发展水平相一致，建立一个安全、畅通、秩序良好、环境污染小的城市交通系统为目标。

城市交通管理应当贯彻交通系统管理与交通需求管理相结合的策略。加强交通需求管理，合理控制城市交通总量，积极促进城市形成以社会化公共运输体系为主，多种交通运输方式相协调的城市交通结构。科学组织，合理限制，均衡调控，充分挖掘道路交叉口、路段、网络的交通容量潜力，提高道路的通行能力和服务水平。

（三）建立交通管理长效发展机制

通过理顺交通管理机制，健全交通管理法制，提高交通管理队伍执法能力与装备水平，深入开展道路交通法制和安全宣传教育，建立交通安全事故防范机制，充分发挥现代交通科学技术与设备在交通管理中的作用，来建立城市交通管理的长效发展机制。

第一，建立城市交通综合协调机构，加强城市公安交通管理部门同城市规划与建设部门的密切配合，形成高效有力的城市交通管理机制。

第二，不断完善城市交通管理法规，使得城市交通管理有法可依。

第三，配备足够的交通执法警力，提高交通管理人员素质。通过定期培训、考核，提高交通管理人员的交通管理基础知识、管理技术与管理素质，使交通管理人员能够做到有理、有礼、有节管理交通。

第四，配备先进的交通执法装备。配备机动车辆、安装有卫星定位系统（GPS）的巡逻车、酒精检测仪、雷达测速枪、数码照相机、掌上电脑、汽车行驶记录仪、交通事故预警器、疲劳检测仪等交通管理执法装备。

第五，形成社会化的交通安全宣传教育网络，寓宣传教育于执法管理之中，提高全民交通安全整体素质。

第六，加大高新技术在道路交通管理中的研究应用，不断提高科学管理水平。

第七，交通安全是居民出行和货物运输的首要条件，所以交通管理规划中应对交通安全管理进行重点详细规划，提出确保城市道路交通安全的有效措施。

第八，建立完备的城市静态与动态交通管理基础数据库。静态基础数据包括各类道路及交通设施的统计数据；动态基础数据包括交叉口流量流向、路线行程车速变化及交通事故统计分析数据等。

（四）近期交通系统管理改善方案制订

通过交通系统管理改善、均衡道路负荷，有效利用道路设施，保障道路交通安全、有序，提高交通系统运行效率，优化信号控制与实施交通诱导，减少交通延误，是交通管理规划的重要组成部分。近期交通系统改善规划措施主要包括以下几个方面：

1. 城市道路交通系统组织

对城市过境交通、城市内部货运交通、城市快速路系统、城市主次干道系统、城市公共交通线路（公交专用道、公交专用路）、城市慢行交通系统（非机动车道、人行设施、非机动车专用道、步行街）、城市单向交通系统等各类交通时空分离措施进行系统梳理和合理组织。

2. 道路交叉口交通优化设计

对城市道路交叉口特别是重要节点交叉口，优化交通信号控制的设计方案，并且科学地划分交通空间，在交通组织方案中，交通信号的配时要根据交通流向和交通流量的改变而做出及时的调整。

3. 道路交通标志、标线系统管理与设计

通过连续规范地分析道路交通管理标志和标线对城市交通管理工作的影响，设计出完整统一的城市道路交通标志、标线。

4. 城市停车场规划与管理

对城市停车设施及停车状况进行普查，分析城市车辆停放特征，研究城市停车政策，

对城市停车位设置和管理收费进行统一规划，加强对乱停车的管理。

（五）智能交通与高新技术发展应用规划

1. 城市交通监控系统建设与发展规划

统一规划全市交通监控系统，规划交叉口关联控制（点控、线控、区域控制）的策略与范围，确定交叉口信号灯的设置标准，特别是机动车转向专用灯、非机动车信号灯以及行人信号灯的设置依据与标准。

2. 城市交通管理信息系统建设与发展规划

城市交通管理工作的执法水平和快速应变能力在高科技手段的帮助下得到很大的提高，城市的交通管理信息平台，也应该随之进行统一的规划建设。

3. 城市智能交通系统建设与发展规划

通过智能交通系统建设，使城市交通管理向信息化、智能化迈进，充分发挥城市交通管理的作用与效益。

（六）拟订交通管理规划实施行动计划

建立一系列工作机制，实施一批交通管理措施，都必须通过具体的行动计划落实。因此，交通管理规划还必须分门别类详细列出近期需要制定、实施的行政、技术和工程措施，并对它们进行资金预算和排序，并落实各项措施实现的期限与相关责任部门。

三、城市交通管理规划编制

（一）规划编制组织机构

由于城市交通管理规划的性质和所设计的工作内容有了很大的变化，编制城市交通管理规划的主管部门为城市公安交通管理部门。同时，由于城市交通管理的复杂性，涉及因素多、范围广，在规划编制过程中应组织城市交通管理其他相关部门协同编制。

（二）编制原则

城市交通管理规划的编制一般遵循以下原则。

1. 保持与城市总体规划、城市交通规划一致的原则

城市交通管理应以支持城市社会经济发展，促进城市交通健康有序发展，改善城市交

通出行环境，提高城市居民生活质量为目标。

2. 体现可持续发展、以人为本、公共交通优先的原则

城市交通管理设施的建设过程中，以及制定城市交通管理措施政策时，是否有益于城市交通可持续发展，能否满足以人为本和公共交通优先的基本要求，是值得考虑的重要问题。城市交通管理应全面落实“以人为本”理念，交通管理设施实行人性化设计，提供宜人的交通环境，管理政策更多地从方便广大城市居民日常出行的角度考虑。

3. 应遵循远期讲战略、中期粗、近期细与标本兼治的原则

城市交通管理是最贴近城市居民日常生活的事务，几乎时时刻刻地与城市居民的生命安全息息相关，治理城市交通管理现状中出行的问题是城市交通管理规划的重要工作，从大处着眼，细部着手，重视城市道路交通系统运行的每一个细节。同时，又着眼长远，让城市交通管理工作符合社会经济发展水平的要求，确保城市交通管理能朝着合理有效的方向进行发展。

4. 可实施性和滚动性原则

城市交通管理规划既不能违反国家的有关交通管理政策和法规以及标准和规范，又必须满足智能化和科学化的交通管理所提出的需求，制订的方案应具有适用性、可实施性，并能不断充实、完善和调整，实现滚动发展。

（三）保证城市交通管理规划的严肃性

为保证城市交通管理规划的严肃性和执行力度，在交通管理规划编制过程中，其编制大纲与编制成果应组织相关专家进行严格的论证，成果应报城市人民政府和人民代表大会常务委员会审查批准，然后由城市交通管理相关部门组织实施。

第二章　城市交通的土地利用及网络布局

第一节　城市交通发展战略

一、城市空间发展战略

城市的属性决定城市的空间发展，从而决定城市用地规模、性质和业态等。

（一）城市用地布局

城市总体规划确定城镇空间布局，是城市交通网络整体框架规划的基础条件之一。例如，“一核一主一副、两轴多点一区”和“一城、三星、一淀”及“一主、五副、两翼”等是对城市总体规划的高度概括。

（二）城市中心区用地规划

城市规划确定城市范围内各种用地的布局安排；城市用地控制性规划规定城市建成区各种用地的控制性指标，如容积率、高度、光照等；城市用地详细规划规定各种城市用地、地下和地面设施的详细安排，是城市交通网络中线路和场站布局的基础条件之一。

二、城市交通的发展战略

城市交通发展战略的任务是根据城市的发展性质、区位、发展规划等，从实际出发，制定交通发展目标、发展模式及付诸实现的战略。

（一）交通发展目标

城市交通发展目标是城市交通发展的宏观导向，是基于某城市的交通发展现状、经济社会发展和城市发展规划制定的，包括交通基础设施发展的总量规模、各种交通方式和交通枢纽的规模指标及对居民出行和城市物流等的服务水平发展目标等，而体现这一发展目标的文件是城市总体规划中的交通部分或城市综合交通专项规划。

1. 促进交通与城市协调发展，提高交通支撑、保障与服务能力

（1）建立分圈层交通发展模式，打造一小时交通圈

构建分圈层交通发展模式：第一圈层（半径25～30 km）以地铁（含普线、快线等）和城市快速路为主导；第二圈层（半径50～70km）以区域快线（含市郊铁路）和高速公路为主导；第三圈层（半径100～300km）以城际铁路、铁路客运专线和高速公路构成综合运输走廊。轨道交通里程到2035年不低于2500km；公路网总里程到2035年超过23150km；铁路营业里程到2035年达到1900km。

（2）保障交通基础设施用地规模

适度超前、优先发展交通基础设施，提前规划控制交通战略走廊和重大交通设施用地。到2035年约850 km^2。

（3）全力提升规划道路网密度和实施率

完善城市快速路和主干路系统，推进重点功能区和重大交通基础设施周边及轨道车站周边道路网建设，大幅提高次干路和支路规划实施率。提高建成区道路网密度，到2035年集中建设地区道路网密度力争达到8km/km^2，道路网规划实施率力争达到92%。

（4）建立交通与土地利用协调发展机制

充分发挥轨道交通、交通枢纽的综合效益。加强轨道交通站点与周边用地一体化规划及场站用地综合利用，提高客运枢纽综合开发利用水平，引导交通设施与各项城市功能有机融合。

2. 坚持公共交通优先与需求管理并重，提高交通运行效率和服务水平

（1）提供便捷可靠的公共交通

①加强轨道交通建设

按照中心加密、内外联动、区域对接、枢纽优化的思路，优化调整轨道交通建设近远期规划，重点弥补线网结构瓶颈和层级短板，统筹利用铁路资源，大幅增加城际铁路和区域快线（含市郊铁路）里程，有序发展现代有轨电车。

②提升公交服务水平

优化公交专用道规划建设和管理，提高公交运行速度和准点率。中心城区公交专用道里程到2035年超过1500km。

（2）实施差别化的交通需求管理

按照控拥有、限使用、差别化的原则，划定交通政策分区，实施更科学、更严格、更

精细的交通需求管理。综合利用法律、经济、科技、行政等措施，分区制定拥车、用车管理策略，从源头调控小客车出行需求。到2035年降幅不小于30%。

（3）构建科学合理的停车管理体系

坚持挖潜、建设、管理、执法并举，加强行业管理，建设良好的停车环境。构建符合市场化规律的停车价格体系，完善市场定价、政府监管指导的价格机制。建立停车资源登记制度和信息更新机制，利用科技手段提升停车位使用效率。通过利用腾退土地和边角地、建设立体机械式停车设施等多种手段增加供给。全面整治停车环境，严格管理路内停车泊位，完善居住区停车泊位的标线施划，将单位内部停车、大院停车等纳入规范化管理。

3. 加强客运枢纽和交通节点建设，提高换乘效率和服务水平

（1）构建功能清晰的对外客运枢纽格局

围绕2个国际航空枢纽、10个全国客运枢纽、若干个区域客运枢纽，构建“2+10+X”的客运枢纽格局。完善枢纽规划建设政策机制，实现对外交通与城市交通之间高效顺畅衔接。

（2）创新客运交通运输组织模式

实现铁路与城市轨道交通一体化运营服务，实现公路与城市道路交通一体化衔接，推进高速公路电子收费全覆盖。创新客运交通运输组织模式，提供联程运输和一体化服务。

（3）提升公共交通接驳换乘环境

提供更加人性化的公共交通接驳换乘条件。加强轨道交通车站“最后一公里”接驳换乘通道和设施建设，增加袖珍公交线路，倡导自行车换乘公共交通（bike+ride，B+R）的绿色出行方式，规划建设一批换乘停车场（P+R）。

4. 提升出行品质，实现绿色出行、智慧出行、平安出行

（1）建设步行和自行车友好城市

构建连续安全的步行和自行车网络体系，保障步行和自行车路权，开展人性化、精细化道路空间和交通设计，创造不用开车也可以便利生活的绿色交通环境。积极鼓励、引导、规范共享自行车健康有序发展，充分发挥其在市民公共交通接驳换乘及短距离出行中的作用，制定共享自行车系统技术规范和停放区设置导则，结合轨道交通车站、大型客流集散点等地区优化落实共享自行车停放区设置。

（2）建设智慧交通体系

倡导智慧出行，实现交通建设、运行、服务、管理全链条信息化和智慧化。推行“互联网+便捷交通”，建立政府监管平台和市场服务平台，积极引导共享自行车、网约车、分

时租赁等新兴交通模式健康发展，科学动态配置各种交通运输方式的运力资源。

（3）建设低碳交通系统

强化交通节能减排管理，优化交通能源结构，推动新能源、清洁能源车辆在交通领域规模化应用，建设充电桩、加气站等配套设施。提升货运组织绿色化水平，推动绿色货运枢纽场站建设。

（4）建设和谐平安交通

坚持城市交通社会共建、共治、共享，加强宣传、教育和培训，加强交通管理设施建设，完善交通安全设施，优化交通发展软环境。

5. 引导支持交通物流融合发展，发挥交通运输基础和主体作用

（1）优化物流基础设施布局

完善物流配送模式，提升物流配送的整体效益，构建由物流基地、专业物流园区、配送中心、末端配送点组成的城乡公共物流配送设施体系。规范城市末端配送组织，形成多功能、集约化的物流配送终端网络。优化整合民航、铁路、公路物流设施布局，实现专业化运输。

（2）完善多式联运设施布局

优化民航货运功能及内陆无水港节点布局，完善口岸服务功能。建立完善的多式联运枢纽场站和集疏运体系，提升货运组织水平和衔接转换效率。

（二）交通发展模式

根据城市发展目标确定其发展模式。常见的城市交通发展模式有：城市轨道交通主导型发展模式、公交主导型发展模式、小汽车主导型发展模式、公交和小汽车并重型发展模式及慢行交通主导型发展模式等。还可以按照城市对外交通、区域交通和中心区交通分别制定其发展模式。

1. 城市轨道交通主导型发展模式

城市轨道交通主导型发展（urban railway oriented development，UROD）模式是将城市轨道交通作为城市居民出行的主要交通方式，适用于城市群、都市圈、超大城市和特大城市，当前的东京城市群、京阪神（京都、大阪、神户）城市群，以及纽约、伦敦、巴黎、香港等城市群或城市已经发展成了这种模式。这种模式的特点是：城市轨道交通网络规模大、主城周边有一高架轨道交通环线，并且通过立体化放射线市郊铁路连接主城和卫星城，城市轨道交通划分率高。

2. 公交主导型发展模式

公交主导型（transit oriented）发展模式是充分发挥公共交通系统的引导作用，通过大

力发展公共交通系统，包括政策、设施和运营管理服务等，使之成为城市居民交通出行的主要交通方式，从而引导城市向安全、高效、低碳发展。一般认为，在居民交通出行中，当公共交通方式划分率达到60%以上时，该城市为公交主导型城市。

3. 小汽车主导型发展模式

小汽车主导型（car oriented）发展模式是指居民使用小汽车出行在城市中占主导地位。目前我国大部分城市的公共交通发展滞后，公交划分率低，属于小汽车主导型发展。

4. 公交和小汽车并重型发展模式

公交和小汽车并重型（transit and car oriented）发展模式是指城市的公共交通和小汽车齐头并进共同发展的模式。我国的北京、上海、广州和深圳等城市，尽管大力发展城市公共交通，但是小汽车交通发展势头迅猛，其结果属于该类型的发展模式。

5. 慢行交通主导型发展模式

“慢行”是与机动车的“快行”相对应而言的。因此，慢行交通是指低速的非机动车和行人交通。慢行交通主导型（walk and cycle oriented）发展模式是指城市和城市交通的发展以非机动车和步行等低速且无排放污染型出行方式为主导的城市发展模式。

（三）交通发展的战略

在制定城市发展目标和发展模式的基础上，需要进一步制定适合城市交通发展的战略取向，以保证城市交通发展模式的实现。

在城市交通方面，为此城市确立了坚持公共交通优先战略，着力提升城市公共交通服务水平。加强交通需求调控，优化交通出行结构，提高路网运行效率。完善城市交通路网，加强静态交通秩序管理，改善城市交通微循环系统，塑造完整街道，各种出行方式和谐有序，构建安全、便捷、高效、绿色、经济的综合交通体系。

第二节 城市交通与土地利用

一、交通与城市土地利用关系

（一）交通与城市土地利用的宏观互动关系

交通设施与土地利用之间的关系可以用系统中的不同组成部分之间的关系来描述。

交通与城市土地利用相互影响、相互作用，交通系统的发展引起土地利用特征的变化，导致了城市空间形态、土地利用结构及土地开发强度的改变；反过来，土地利用特征的改变也对交通系统提出新的需求，促使其不断改进完善，引起交通设施、出行方式结构和交通密度特征的改变，最终形成交通系统与土地利用相协调的产物。随着整个系统环节中某一因素的变化，城市土地利用与交通系统又进行新一轮的调整。

传统的规划理念没有认识到交通与城市土地利用的互动关系，导致许多城市的综合交通规划与土地利用规划（通常为城市总体规划或分区规划）常常是分开来做的。城市规划师认为交通规划师的工作任务就是如何最大限度地在城市交通设施上配合城市规划，而交通规划师往往处于从属和被动的地位，只能分析现状交通问题和提出近期或局部的交通改善意见，难以对土地利用规划进行比较和信息反馈。

交通规划的制定不能脱离土地利用规划，同时土地利用规划也不能离开交通规划，只有将两者结合在一起，才对彼此有利，交通规划和土地利用规划具有共生性，两者在内容和层次上具有广泛的关联性。因此，公共交通导向型发展模式（transit oriented development，TOD）在当前国内外交通规划、建设中得到了快速发展并广泛应用。它作为一种从全局规划的土地利用模式，为城市建设提供了一种交通建设与土地利用有机结合的新型发展模式，其特点在于以公共交通的车站为中心，利用公共交通为前提，集工作、商业、文化、教育、居住等为一体，进行高密度的商业、办公、住宅等综合性的复合和混合用途的集约化、高效率开发。

从宏观上讲，城市交通与城市土地利用之间存在复杂的互动关系。杨励雅于 2007 年从宏观上将这种关系表现为一种“源流”关系。土地是城市社会经济活动的载体，各种性质土地利用在空间上的分离引发了交通流，各类用地之间的交通流构成了复杂的城市交通网络。

“源”和“流”之间相互影响、相互作用。一方面，土地利用是产生城市交通的源泉，决定城市交通的发生、吸引与方式选择，从宏观上规定了城市交通需求及其结构模式；另一方面，交通改变了城市各地区的可达性，而可达性对土地利用的属性、结构及形态布局具有决定性作用。

（二）城市交通模式与土地利用模式的相互关系

由城市交通与城市土地利用的“源流”关系可知，城市土地利用模式是城市交通模式形成的基础，特定的城市土地利用模式将导致某种相应的城市交通模式；反之，特定的城市交通模式亦需要相应的土地利用模式予以支持。

1. 城市土地利用模式的类型

现代城市规划理论将土地利用模式划分为高密度集中模式和低密度分散模式两大类型。

高密度集中模式是指土地利用综合化、多元化，开发密度高，城市布局集中的城市土地利用模式。以高密度集中土地利用为特征的城市，通常拥有一个集中且繁华的市中心，土地利用集约化程度高，除少数商业中心区、工业区、高级住宅区外，城市土地一般为多用途层叠使用，从而有利于节约土地，缩短出行距离，防止城市无限制蔓延。

低密度分散模式则是指城市土地利用用途单一，开发密度低，城市布局分散的城市土地利用模式。以低密度分散土地利用为特征的城市通常具有多个中心，住址区、工作区、购物区等各自分离，整个城市向郊区蔓延，用地分散，甚至形成跳跃性开发，土地浪费现象严重。

2. 不同土地利用模式下的城市交通模式

随着开发密度的增加，公共交通出行比例大幅度增加，私家车比例则大幅下降。例如，低密度开发的莫里斯，公共交通承担率仅为 3.9%，私家车承担率则高达 92.2%，其城市交通模式以私家车交通为主；高密度开发的香港，公共交通承担率高达 84.8%，私家车承担率则仅为 6.3%，其城市交通模式以公共交通为主。

以高密度集中土地利用为特征的城市土地开发强度大、密度高且城市布局集中，将引发大量集中分布的交通需求，必然要求具有高运载能力的公共交通模式与之相适应。另外，集聚带来地价的上升，促使了停车费的高涨，在一定程度上遏制了私家车交通的发展，从而形成支持公共交通发展的良性循环。

以低密度分散土地利用为特征的城市，单位土地面积产生的交通需求量小且分散，公共交通不易组织，适合发展运量小、自由分散的私家车交通。低密度分散式的城市形态容易陷入“分散—公交系统难以维持一进一步分散”的恶性循环，居民出行距离不断增大，出行方式越来越依赖于小汽车，从而导致城市建设成本增加、土地资源浪费、环境污染加剧，不利于城市的可持续发展。

3. 高密度集中模式下的城市交通需求特征

鉴于低密度分散发展模式的种种负面效应，国内外研究者及规划部门纷纷提倡相对高密度的土地开发模式。目前，我国珠江三角洲与长江三角洲内圈层区域的人口密度已超过法国大巴黎地区（911 人/km^2）及日本东海岸大城市带的人口密度（1085 人/km^2），部分城市中心区人口密度已高达数万人/km^2。高密度集中模式是我国及世界多数国家城市的主要发展趋势。高密度集中开发的城市，其交通量、出行距离、出行分布等交通需求因素均表现出一定的特点。

从交通量看，高密度开发城市由于人口密集，交通出行量较为集中。出行的集中使交通设施处于高容量状态，自我调节能力相对较弱，因此外力对交通流的作用效果更为灵敏。这些外力主要包括交通设施的建设与改造、土地利用结构与形态的调整、交通需求管理等。

从出行距离看，高密度开发城市的居民出行距离相对较短。这是由于城市土地开发密度高，各种城市功能在有限的地域范围内集成，人们的工作、文化娱乐、教育学习、探亲访友、购物社交等活动在有限范围内完成，从而使得出行距离相对较短，且采用步行、自行车等非机动车交通方式较多。Cevero（2001）通过研究指出，高密度开发城市的人均机动车里程随人口密度的增加而下降，但当人口密度达到一定程度时，该种变化趋于平缓。

从出行分布看，高密度开发城市的交通出行分布更容易在较小范围内达到均衡。这是因为高密度开发城市由于多种功能用地在空间上相对集中，在一定程度上避免了居住与就业的分离，缓解了卫星城和分散式发展模式中常见的“钟摆式”交通分布状况，从而使交通出行分布能够在较小范围内实现均衡。

（三）城市交通与城市土地利用的微观互动机理

如前所述，城市交通与城市土地利用均由一系列不同的特征量所描述，任意两个特征量之间的微观作用机理是不相同的。例如，“交通容量”与“容积率”之间存在相互促进的正相关关系，“土地混合利用程度”与“出行距离”之间存在此消彼长的负相关关系，而“交通容量”与“土地价格”之间则存在一定程度的依存关系。各特征量之间的微观作用机理，共同构成城市交通与城市土地利用之间复杂的互动关系。

交通容量与容积率的关系，是城市交通与城市土地利用互动关系在微观层面的具体体现。

城市中的土地开发，无论是商业、工业还是居住，都会使该地区的容积率增加，从而引发大量的出行生成，该地区随着交通需求的增加，将对交通设施提出更高要求。通过交通设施的改善，交通容量扩大，该地块的交通可达性提高，造成土地价格上升，又会吸引开发商进一步地开发，交通容量与容积率的互动进入新的循环。该循环过程是一个正反馈的过程，但该正反馈过程不可能无限进行下去。这是因为，城市交通设施发展到一定程度后是难以通过改建来增加其容量的，从而当土地开发超过一定强度时，所引发的交通流将会使得某些路段出现拥堵现象，导致已开发区域可达性下降，土地利用边际效益亦随之下降，该地区的土地开发将会受到抑制。

由此可见，交通容量与容积率之间存在一种相互影响、相互促进的互动关系，二者通过一系列的循环反馈过程，将有可能达到一种“互补共生”的稳定平衡状态。

二、城市土地利用与出行率模型

土地利用带来人口和产业的变化，从而诱发出行和交通。至今，人们分别从用地的可达性（汉森模型）、不同性质用地的配置（劳瑞模型）及交通和用地一体化优化（ITLUP 模型和 TOPAZ 模型），以及不同用地的出行等方面进行研究。下面主要介绍土地利用与交通出行率模型。

（一）出行率模型基本概念

城市交通与城市土地利用间的互动关系决定了不同土地利用布局形态和强度会产生不同类型和强度的社会活动，从而决定不同区域的交通集散量和分布状况。相应地，交通系统功能效率的高低也直接影响周边地价、地租和人气，影响周边土地功能的实现充分与否。因此，在进行交通规划中需要深入研究城市土地利用与交通的相互关系，交通出行率是直观反映这种相互关系的重要指标之一。

出行率为单位指标在单位时间内所生成的交通需求。根据对出行起决定作用的一些因素，将整个对象区域按照决定指标（如建筑面积、住宅户数、座位数、人数等）划分为若干类型。同一类型由于主要出行因素相同、出行次数基本相同，将单位时间内的出行次数称作“出行率”。如果知道整个对象区域或分区的决定指标，与其对应的出行率相乘，则很容易得到整个对象区域或分区的交通需求。

出行率模型需要进行出行率调查，也就是确定出行生成量和其自身属性之间的关系，例如，对于办公建筑，影响出行生成的自身属性很多，如占地面积、建筑面积、实用面积、员工总人数、停车位总数、建筑功能和区域特性等。为了定量分析出行生成量与自身属性之间的关系，仅选择具有可度量性的属性指标，如建筑面积进行分析。

（二）出行率模型

出行率模型是描述每一种土地利用出行生成量变化的决定指标和其出行生成量之间的关系，可能是数学模型，也可能是图表，都能直接描述研究对象自身属性与交通生成量之间的量化规律。

1. 平均值法

通过调查，将所有调查建筑的生成率进行平均，就得到了基于各影响指标因素的平均生成率。

2. 图表法

将调查点生成率数据制作成散点图，工程人员根据研究对象的性质和特征，参考已有调查点进行内插或外插取值，辅以工程经验判断后，估计预测出行量。

3. 公式法

尽管对于各数据点可以用散点图反映出行生成量和影响指标之间的相关变化趋势，但需要预测未来年的出行量时，利用回归模型是比较合理的。

三、交通小区划分

（一）交通小区划分原则

城市的土地利用空间布局和功能分区都有很大不同，同一城市内部各个地区用地性质也有很大差别，用地性质对居民的出行特征有直接的影响，不同的用地性质将导致不同的交通出行特点。如居民区为主的用地将会有大量的出行产生，其出行目的、距离及出行时间随着居民构成不同大相径庭；商业用地、学校、工业区等则会吸引大量的居民，其吸引的人群也随着用地密集程度不同而异。在经典的交通需求预测过程中，为了调查统计、预测社会经济指标、生成交通量和分布交通量等，需要按照一定的规则将对象区域划分成适当数量的交通小区。

要全面了解、掌握交通源的特性及各交通源之间的交通流特征，对交通的产生吸引量及其分布掌握得越细越好，但交通源一般是大量的，对每个交通源进行单独研究，工作量极大，会使调查、分析、预测等工作非常困难，而且精度也难以保证。因此在调查过程中，需要将交通源按一定的原则和行政区划分成一系列的小区，这些小区就是交通小区。通常，交通小区分区（zoning）遵照以下原则。

1. 现有统计数据采集的方便性

社会经济指标一般是按照行政区域为单位统计、预测的。在我国，最高级行政区域划分为省、直辖市、自治区和特别行政区，其次是地级市、区县、乡镇、村、派出所、家属委员会。在划分交通小区时，要充分利用这些行政区的划分，以减少不必要的工作量，提高预测的精确度。

2. 均匀性和由中心向外逐渐增大

对于对象区域内部的交通小区，一般应该在面积、人口和发生与吸引交通量等方面，保持适当的均匀性；对于对象区域外部的交通小区，因为要求精度的降低，应该随着距对象区域距离的变远，逐渐增大交通小区的规模，以减少不必要的工作量。

3. 充分利用自然障碍物

尽量利用对象区域内部的山川等自然障碍物作为小区边界线，河流上的桥梁便于作为交通调查核实线使用。在一般情况下，山川等自然障碍物被作为行政区划分界线使用，因此这与第一条并不矛盾。

4. 包含高速公路匝道、车站、枢纽

对于含有高速公路和轨道交通等的对象区域，高速公路匝道、车站和枢纽应该完全包含于交通小区内，以利于对利用这些交通设施的流动进一步分析（空间影响区域分布等），避免匝道被交通小区一分为二的分法。

5. 考虑土地利用

交通小区的划分应避免将同一用途的用地分在不同的交通小区，这样有利于土地利用中指标的统计处理。

（二）交通小区划分规模

在早期的调查和规划中，交通小区数目较少，随着计算机技术的发展，交通小区数目有增加的趋势。

交通小区划分是交通调查和规划的最基本工作，交通小区的规模和具体划分得是否适当将直接影响到交通调查、分析、预测的工作量及精度和整个交通规划的成功。交通小区的划分应该紧紧围绕调查工作的目的和区域的交通出行特征进行，不同目的的调查所要求划分的交通小区的精细程度是不同的。另外，还应该通过深入考察、研究区域的交通出行规律，力图使不同性质的交通出行归属到相应的交通小区，亦即使交通小区的范围与其所辖区域的交通出行特征相对应，以期在满足 OD 调查目标的前提下，尽量减少交通小区的数目。

最后，通过本章的学习可知，其阐述的主要内容是城市交通与城市土地利用关系问题，这也是交通与城市土地利用问题中表现最为突出的关系。

第三节　城市交通网络布局规划与设计

一、城市交通网络布局理论与方法

在城市交通网络布局阶段，如何做到与城市的定位、产业的布局及城市交通流的良好匹配，拉动或引领城市产业布局乃至拉动经济社会发展是其核心。这里，介绍区位理论、节点重要度和线路重要度方法。

（一）区位理论与区段重要度

区位理论来源于德语的“standort”，是关于人类活动的空间分布及其空间中的相互关系的学说。具体而言，是研究人类经济行为的空间区位选择及空间区域内经济活动优化组合的理论。区位理论中的产业集聚现象有三点重要的贡献：第一，劳动力市场的共享；第二，中间产品的投入与分享；第三，技术外溢。由于这 3 个重要概念具有理论创新的突破性进展，因此 20 世纪 20~90 年代，成了从新古典区位理论到以新经济地理学为核心的现代区位理论及研究产业集聚现象的共同理论基础。

产业分为第一产业、第二产业和第三产业。这些产业的聚集形成劳动力市场的共享、中间产品的投入与分享及技术的外溢，形成人流和物流在区域中的高区位或高密度，在城市里尤为凸显。不同产业业态又会形成不同的交通出行需求，不同的城市用地布局也会产生不同的交通出行需求。

将区位理论应用于交通领域就是交通区位理论。交通区位是指交通的“源”所在。交通源包含经济、社会、文化、历史、产业、交通运行等要素，有既有源和潜在源。既有源通过现状体现，潜在源通过规划（例如，每 5 年一次的城市国民经济和社会发展规划、城市总体规划、城市用地控制性规划和城市用地详细规划）体现。

高区位或高密度的人群，需要工作、生活和娱乐等日常活动，因此需要配以类型适量、规模适量、密度适量的城市交通基础设施。交通线路应该布局在存在交通源的地方，并且高等级交通基础设施应该布局在交通区位高的点线上。

（二）节点重要度

与区段交通区位重要度相同，节点的重要度也受区域政治、经济、文化、产业等多方面因素的影响。为尽可能真实、全面地反映节点重要度，通常选择人口（反映区域活动机能）、国内生产总值（反映区域产业机能）、社会物资产耗总量（反映社会的运输需求）、商品零售总额（反映区域的商业功能）、现状交叉口的饱和度、重要单位数量和景点数量等指标作为选择网络节点的定量分析标准，实际使用时应根据规划城市的特点确定。

（三）线路重要度

线路重要度是线路上各区段重要度与各节点重要度之和，其重要度值利用下式确定。

$$I_k = \sum_{i \in k} \sum_{j \in k} I_{ij} + \sum_{i \in k} I_i$$

式中　I_k——线路 k 的重要度值；

I，j——线路 k 通过的节点。

二、城市交通网络布局与线路规划

（一）城市交通网络布局

城市交通网络的布局和线路规划应充分考虑节点重要度和线路重要度的值。具体而言，节点重要度用以确定城市交通枢纽、重要车站及立体交叉口等；线路重要度用以确定线路的走向和线路的等级，如城市快速路、主干路、次干路、城市轨道交通、城市快速公交线路等，对形成的重要度进行网络展开。

（二）城市交通网络结构

城市交通网络结构，尤其是道路和轨道交通网络结构决定了城市的骨架和城市的发展。

1. 城市交通网络基本形态

城市交通网络的基本形态大致可以分为方格网式、带状、放射状、环形放射状和自由式等。

（1）方格网式城市交通网络

方格网式城市交通网络是一种常见的交通网络形态。其优点是各部分的可达性均等，秩序性和方向感较好，易于辨别，网络可靠性较高，有利于城市用地的划分和建筑的布置。其缺点是网络空间形态简单、对角线方向交通的直线系数较小。我国的北京、西安等城市的城区道交通网络属于这种形态。

（2）带状交通网络

带状交通网络是由一条或几条主要的交通线路沿带状轴向延伸，并且与一些相垂直的次级交通线路组成类似方格状的交通网络。这种城市交通网络形态可使城市的土地利用布局沿着交通轴线方向延伸并接近自然，对地形、水系等条件适应性较好。我国的兰州市的交通网络由于受黄河和南北山脉的影响，其结构属于典型的带状结构。

（3）放射状交通网络

放射状交通网络常被用于连接主城与卫星城之间。

（4）环形放射状交通网络

城市骨架交通网络由环形和放射交通线路组合而成。以放射状交通线路承担内外出行，并连接主城与卫星城；环形交通网承担区与区之间或过境出行，连接卫星城之间，减少卫星城之间的出行穿越主城中心。

（5）自由式交通网络

自由式交通网络结构多为因地形、水系或其他条件限制而使道路自由布置，因此其优点是较好地满足了地形、水系及其他限制条件；缺点是无秩序、区别性差，同时道路交叉口易形成畸形交叉。该种形态的交通网络适合于地形条件较复杂及其他限制条件较苛刻的城市。在风景旅游城市或风景旅游区可以采用自由式交通网络，以便与自然景观实现较好的协调。我国上海、天津、重庆、青岛、大连等城市的交通网络属于该种形态。

实际上，在特大城市中，交通网络并非严格按照上述形态布置，常常是两种或两种以上简单交通网络形态的组合。

2. 城市交通网络形态与城市类型

（1）城市规模与交通网络形态

城市的规模通常用城市人口规模表示，该人口是指一定期限内城市发展的人口总数。

超大、特大城市、大城市的交通网络一般比较复杂，多为几种典型交通网络形态综合的混合式交通网络。原因有：其一，超大、特大城市和大城市历史发展过程较长，用地规模大，地形、自然条件比较复杂，很难以单一的交通网络形态适应；其二，我国古代的城市是以礼制建城，中等城市的交通网络布局相对比较简单，多以一种典型形态为主，在平原地区和限制条件比较少的地区，多以方格网式为主。小城市一般以几条主干街道为主。

（2）城市性质与交通网络形态

城市按照其主要的土地利用、经济位置等可分为：工业城市、中心城市、交通枢纽城市及特殊功能城市（如旅游城市等）。交通枢纽城市又可以分为铁路枢纽城市、海港城市、河埠城市和水上交通枢纽城市等。例如，郑州市具有我国最大的编组站郑州北站，加上郑州东站（货运）和郑州火车站（客运），形成了具有铁路特色的城市，因此在该种意义上可以说郑州为铁路枢纽城市。

(3) 城市在区域交通网中的位置与交通网络形态

按照城市在区域交通网络中的位置和对外交通的组织形态，又可以把城市分为：交通枢纽城市、尽头式城市和穿越式城市。该种分类与城市交通网布局中外围环线的建设密切关联。对于交通枢纽式城市，外围环线的规划、建设比较重要，以避免不必要的过境交通通过市中心，造成城市中心区的交通拥堵。相反，对于尽头式城市，环线的规划、建设则应该慎重；穿越式城市通常为小城市，交通网络规划应考虑城市的发展，引导过境交通偏离中心区。

(4) 城市发展形态结构与交通网络形态

城市的基本布局形态一般分为：中央组团式、分散组团式、带状、棋盘式和自由式。

①中央组团式结构

中央组团式城市的特点是有一个强大的城市中心，因此与此对应的交通网络应该是放射形或环形放射状，以处理城市的内外交通和过境交通。

②分散组团式结构

分散组团式城市的特点是城市由几个中心组成，与此对应的交通网络应该是环形放射状或带状形态。前者对应于一般的分散组团式城市；后者对应于带状分散组团式城市。它适用于地形比较复杂的城市，如重庆、包头等城市。

③带状结构

带状城市的特点是城市由几个分布于同一带上的组团组成，因此与此对应的交通网为带状形态。它适用于受地形限制的城市，如兰州、桂林、深圳等城市。

④棋盘式结构

棋盘式城市的特点是城市均匀分布，与此对应的交通网络为方格式交通网。

⑤自由式结构

自由式城市的特点是城市受特定的地形、水系等约束而自由发展，与此对应的交通网络为自由式交通网。它适用于海岸城市或水系比较发达的地区，如天津、大连、青岛等城市。

(三) 区域交通网络形态

我国城镇化水平不断提高，区域经济发展迅速，并且已经形成了 3 个典型的城市群，如珠江三角洲、长江三角洲和京津冀地区。城市群的发展竞争是国家与国家的发展竞争。

在新型城镇化已经成为国家战略的大背景下，其他都市圈如长（沙）株（洲）（湘）潭地区和西（安）咸（阳）区域一体化等20余个新型城市群正在逐渐形成，跨行政区域的社会交流和经济往来越来越活跃，对交通基础设施的依赖性也就越发强烈。

区域发展的特点是具有较强的极化、城市群和地理特征。例如，珠江三角洲地区形成了以广州和深圳为两极，涵盖了广州、深圳、佛山、珠海、东莞、江门、中山、香港和澳门等城市，位于珠江两岸；长江三角洲则以上海和南京为两极，涵盖了上海、南京、苏州、无锡、常州、南通、扬州、镇江等城市，位于长江下游区域；京津冀地区则以北京和天津为两极，涵盖了北京、天津、石家庄、唐山、保定、廊坊、沧州、承德和张家口等城市。

鉴于城市群的上述特征，区域交通网络的形态也具有与之相适应的网络结构形态。珠江三角洲的区域交通网络结构为三角形；长江三角洲的区域交通网络也为三角形；京津冀地区的区域交通网络为以北京和天津为中心的强轴辐射型。

（四）城市交通网络布局规划评价

城市交通网络是城市的骨架，是保证用地功能发挥和保持及拉动经济、保障可持续发展的基础设施，左右着城市的发展方向或规模。因此，城市交通网络布局的合理性也应作为规划布局问题之一。

城市交通网络布局规划评价主要是对其空间布局合理性和有效性，从规模结构、间隔密度和服务范围进行布局结构上的综合评价，其内容主要有：综合交通网络体系及评价、单一交通方式网络配置及评价；对于交通网络上交通流的供需平衡评价。

1. 综合交通网络体系及评价

对于一个城市，为了支撑和拉动其社会经济、人流和物流的发展，要有一个合理的综合交通网络体系结构，以实现各种交通方式的协同配合。

城市交通网络，尤其是大城市交通网络，应采用TOD发展模式和低碳交通策略构建交通网络体系，规划城市交通网络，实现城市交通出行的主体由城市公共交通承担，规划安全、舒适、系统的慢行交通环境。

（1）交通设施用地率

交通设施用地率，即交通设施用地面积占城市建设用地面积的比例。交通设施用地是安排城市交通基础设施的前提条件，对城市交通发展具有举足轻重的作用，若该用地不足将无法安排足够的交通基础设施，是产生道路交通拥堵的根源之一。我国城市交通设施用地比例应在10%~30%，并且规划人均交通设施用地面积不应小于12.0m^2/人。就目前情况而言，主要大中城市的交通设施用地比例仅达到下限水平。该指标在纽约为33.7%、巴黎为25.8%、伦敦为25.2%、东京为24.4%。

（2）各种交通方式规模比例

尽管在国家标准中，对城市道路之外的各种交通设施规模及其比例没有限定，但是该项指标能够诠释城市的交通发展模式，即小客车主导型还是公交主导型或者是两者兼顾型。显然，公交主导型城市的轨道交通线网运营规模应该大，而且比例高。

城市道路作为城市公共电汽车和快速公交（BRT）系统，以及居民和城市物流交通出行的基本载体发挥干线运输、集散、生活、通风和防灾等作用，其总体规模也应得到保障。

在我国目前乃至今后一段时间内，绝大部分城市的公共电汽车仍是城市公共交通的主体，其发展成本低、见效快。在上述主要城市中，纽约的城市公共电汽车运营里程约为4700km，东京约为1200km，伦敦约为3700km，巴黎约为3800km，北京约为20000km。

通过以上数据可以分析我国以北京为例城市交通基础设施规模的结构比例及其平衡情况。那么，一座城市的城市轨道交通系统总规模应该是多少？其数值对于城市交通网络的布局和设计具有指导性作用。城市轨道交通线网合理规模依赖于建成区的面积、人口、产业经济水平等，其规模预测方法有回归分析法、线网密度法、交通需求分析法和吸引范围几何法等。这里以回归分析法为例介绍。

回归分析法是先找出影响城市轨道交通线网规模的主要因素，如人口、面积、国内生产总值、私人交通工具拥有率等，然后利用既有城市发展轨道交通的数据进行回归分析及参数拟合，确定关系式。

回归分析法比较成熟，并且利用实际数据拟合，具有较好的可靠性。

各种交通方式设施所承运的对象不同，目前尚没有供给总量上的合理结构标准，归一化的测算方法有待于研究。

2. 单一交通方式网络配置及评价

城市范围内的交通出行，根据其交通出行特性，如出行目的和出行距离等，需要相应的交通网络。网络体系结构的主要评价指标如下。

（1）评价指标

在进行交通网络布局评价时，主要遵循以下原则。

①静态指标与动态指标相结合。静态指标指网络密度、各等级网络的比例等。②科学性定量评价与专家经验判断相结合。③符合我国的经济发展水平，避免过高和过低地确定目标。

（2）网络密度

网络密度评价交通网络的服务公平性和服务质量水平，分为城市道路交通网络密度、城市轨道交通网密度、城市公共电汽车网密度和站点覆盖范围等。

网络密度是指单位用地面积内交通网络的长度，表示区域中交通网络的疏密程度。

（3）公交站点覆盖率

公交站点服务面积以300m半径计算，不得小于城市用地面积的50%；以500m半径计算，不得小于城市用地面积的90%。此外，还有线路非直线系数（≤1.4）、平均换乘系数（大城市≤1.5，中、小城市≤1.3）和换乘距离（同向换乘≤50m，异向换乘≤100m）等指标。

（4）干道网间距

干道网间距即两条干道之间的间隔，对道路交通网络密度起到决定作用。我国没有规定城市干道的间隔，国际上各国采用的标准也不一致。荷兰规定干道间隔为800~1000m；美国为800~3200m；丹麦哥本哈根为700m；德国慕尼黑为700~1000m；英国道路多采用区域自动化控制，道路间距以250~700m为宜；日本没有规定干道间隔的具体数值，实际掌握在800m左右。

（5）交通网络结构

交通网络结构是指城市快速路、主干路、次干路、支路在长度上的比例，用以衡量交通网络的结构合理性。根据城市道路功能的分类和保证交通流的畅通，道路的交通结构应该为“塔”字形，即城市快速路的比例最小，按照城市快速路、主干路、次干路、支路的顺序比例逐渐增高，其比例值分别被推荐为≤5%、27%~30%、32%和33%~36%。

（6）人均道路面积

人均道路面积是指城市居民人均占有的道路面积。

（7）路网可达性

路网可达性（accessibility）是指所有交通小区中心到达道路交通网络最短距离的平均值。该指标值越小，说明其可达性越好，交通网络密度越大。

（8）路网连接度

路网连接度是指道路交通网络中路段之间的连接程度。

方格加环形放射式交通网络的连接度较方格式交通网络高，连接性能好；环形放射式交通网络比单纯放射式交通网络的连接度高。说明城市道交通网络成环形网的状况越好，其连接度越好。

第三章　城市交通系统规划

第一节　城市道路系统规划

城市道路系统是指城市范围内由连接城市各部分的不同功能等级的道路、各种形式的交叉口、广场等设施以一定方式组成的有机整体，是承担客运交通的主要空间。城市道路系统既是各种功能用地的“骨架”，又是城市进行生产和生活活动的“动脉”，同时，也是绿化、排水、防灾、通风、采光及其他基础设施的主要空间。

一、城市道路系统功能及道路网布局形式

（一）城市道路系统功能

1. 交通的功能

所谓交通功能，包含通行能力和进入功能两方面，是城市道路最基本的功能。城市道路不仅能提供各种交通方式，如机动车、非机动车、步行等方式在其上通过，而且能提供各种交通主体（人或物）向道路沿线的用地、建筑物和设施等的出入功能，同时也包含各种交通方式在道路上的临时停车、上下乘客等功能。

2. 公共空间的功能

城市道路是公共资源，其公共空间的功能主要体现在 3 个方面。第一，城市道路提供了建筑物之间的通风、采光需要的空间。第二，为城市其他设施提供了空间的功能。城市中一些必要的市政管线，如排水管道、雨污水管道、燃气、供热等市政设施，其对城市的服务与道路系统相似，为了节约空间，这些管线往往利用道路上方及地下的空间来敷设。第三，美化城市和展示城市文化风貌的功能。

3. 防灾救灾的功能

城市道路在防灾救灾中也承担着主要作用。发生地震等灾害时，具有一定宽度的道路

能作为避难道路、防火带、消防和救援通道。

4. 组织用地布局的功能

城市主干路是构成城市用地布局的主骨架，其他低等级道路是组织居住区、居民小区和街坊等用地的分界线。

城市道路所具有的多重功能之间有时是相互矛盾的，因此，在规划过程中，需按功能的主次进行协调，发挥其最大效益。

（二）城市道路系统分类

1. 城市快速路

城市快速路是城市中为联系各组团中的中、长距离快速机动车交通服务的道路，属全市性交通干道。

快速路作为城市内部机动车交通的主要动脉，应当与对外公路之间建立便捷的联系。城市快速路一般在大城市中设置，尤其是呈带状或组团式布局结构的大城市。城市快速路设置应当与用地布局进行协调，尽量避免快速路两侧设置吸引人流和车流较大的公共建筑。

2. 城市主干路

城市主干路是城市中为相邻组团之间、与市中心区之间的中距离常速交通服务，是城市道路网的骨架，与快速路共同承担城市的主要客货交通出行。大城市主干路多以交通功能为主，可以划分为以货运和客运为主的交通性主干路，也可以根据功能需要设置为生活性景观大道。

3. 城市次干路

城市次干路是城市中为各组团内部服务的主要干道，是车流、人流主要的交通集散道路。次干路两侧可设置公共建筑物，并可设置机动车和非机动车的停车场、公共交通站点和出租汽车服务站。

4. 城市支路

城市支路是次干路与街坊内部道路的连接线，是城市道路的微循环系统，直接为用地服务，是以生活性服务功能为主的道路。

二、城市道路系统规划的基本原则

（一）与城市用地布局规划相协调

城市用地布局利用城市道路系统将各个部分用地相衔接，构成一个有机的整体，两者之间的关系是相互依存、相互支撑的。一方面，城市道路系统规划应当以合理的城市用地功能布局为前提，另一方面，城市用地布局规划也应该充分考虑城市道路系统的需求，两者之间紧密结合，才能获得合理的规划方案。

城市道路系统在城市用地布局方面主要发挥以下 3 个方面的作用：一是分隔用地的界限；二是联系用地的通道；三是组织景观的廊道。

（二）与城市交通需求特征相匹配

城市交通需求明确了城市客货运出行的总量和时空分布等特征。城市道路系统的主要服务对象就是城市交通需求所产生的客货运出行。按照供需关系理论，两者之间必须相互匹配，否则将出现城市道路系统供应不足或者浪费等现象。

城市道路系统规划应当主要考虑以下 3 个方面的交通需求特征：一是交通出行总量；二是交通出行结构划分；三是交通出行时空分布。

（三）与地形、地貌、地物等相适应

在确定城市道路系统规划线位和红线宽度的过程中，应当综合考虑地形、地貌、地物等方面的因素，坚持节约用地和工程投资等原则，尤其是在地形起伏较大的丘陵地区和山区。同时，城市道路系统规划还应当注意所经过地段的工程地质条件，尽量避免地质和水文地质不良的地段。再有，城市道路系统规划，尤其是在原有城市建设用地上，还应考虑既有建筑、河流、文物保护等现状地物条件。

（四）与城市空间景观环境相融合

城市道路系统规划应当充分考虑城市空间景观环境和城市面貌的要求，主要体现在以下 3 个方面：一是有利于城市通风，通常应平行于夏季风主导方向；二是有利于降低交通噪声，通常应当控制过境车辆进入市区、增加道路绿化空间等；三是有利于城市面貌营造，应当协调沿街建筑与道路红线宽度之间的比例关系，根据城市特点设置反映城市面貌的景观干道等。

（五）与市政工程管线布置相结合

城市公共事业和市政工程管线，如供水管、雨水管、污水管、电力电缆、供热管道、燃气管道及地上架空线、交通设施等都需要布置在道路空间内。因此，城市道路系统规划应当考虑上述设施布置所需的用地空间，同时还要考虑道路与市政工程管线之间的纵向空间关系。

三、城市道路系统规划编制程序

城市道路系统规划根据规划阶段和深度的不同，分为城市道路网系统规划和城市道路规划设计两项内容。

（一）城市道路网系统规划

城市道路网系统规划是城市总体规划的重要组成部分，规划编制工作不仅仅是一项单独的专项规划，而是应当与城市用地功能、绿地系统、市政走廊、河湖水系等多专业的专项规划统筹协调、同步开展。

城市道路网系统规划的主要任务是制定城市道路网的发展目标、发展策略，确定近远期道路网体系结构、布局和规模，确定具体道路的功能、规模、总体要求，提出建设时序、实施政策建议等。

1. 现状基础资料收集

（1）地形图、影像图、航拍图等工作底图

根据工作范围和深度不同，图纸比例分别为 1∶25000、1∶10000、1∶2000。

（2）社会经济发展资料

规划期限、性质、人口规模、经济水平等。

（3）交通设施调查

既有道路、交叉口、停车场、公交场站等。

（4）交通特征调查

车辆保有量、客货运出行总量、客货运出行时空分布、交通量等。

（5）土地使用情况

现状用地权属、现状建筑强度、规划用地方案。

2. 现状问题分析

现状问题分析包括现状城市道路系统与现状用地布局之间的关系，现状道路建设与既有规划之间的关系，现状道路建设与规划用地初步方案之间的关系，既有规划道路实施情况等。

3. 交通需求分析

交通需求分析主要包括以下几个方面：一是车辆保有量预测，二是交通量增长预测，三是交通出行总量预测，四是交通出行分布预测，五是交通出行方式预测，六是道路交通流分配与分析。

4. 城市道路网系统初步方案规划

城市道路网系统规划方案编制应当坚持现状问题和规划目标双重导向。一方面，要考虑现状问题的解决；另一方面，也要综合考虑未来城市用地布局初步方案和交通需求特征。也就是说，应该通过对现状问题的分析，发现问题的症结，然后结合城市规划发展策略，制定规划原则和指导思想，并基于现状地形、地貌、土地使用等条件，编制道路网系统规划方案。在一般情况下，规划方案编制经历以下 4 个阶段：一是初步规划方案编制；二是规划方案优化调整；三是最终规划方案确定；四是近期建设规划方案建议。

5. 城市道路网系统规划方案指标评价

（1）城市道路网系统规划技术指标

人均道路用地面积、道路用地面积、道路总长度、道路网密度、道路红线宽度、交叉口间距、网络容量、连通度、负荷度等。

（2）城市道路网系统规划综合评价

技术性能评价、经济效益评价和社会环境影响评价。

6. 编制城市道路网系统规划方案成果

编制城市道路网系统规划方案成果包括：规划文本和说明，规划图纸。

（二）城市道路规划设计

1. 规划目的与分类

城市道路规划设计的主要目的是：确定道路等级、建设规模、规划性质、线位、红线宽度、横断面形式、控制点坐标、交通设施布局、交通组织方案等内容，处理好与相关专业规划的衔接，为道路工程设计方案提供技术支撑。

城市道路规划设计包括规划方案和规划条件两类。一般情况下，在城市道路中，城市快速路、城市主干路应编制规划方案，城市次干路、城市支路及小城镇的主干路、次干路应编制规划条件。在特定情况下，城市次干路、城市支路，小城镇的主干路、次干路，根据边路的性质、重要程度和特殊性等方面因素，也可以编制规划方案。

2. 规划内容

城市道路规划设计的成果由规划说明书和图纸两部分组成。

（1）规划说明书

主要内容包括概述、现状概况、规划依据、规划原理与指导思想，周围道路网规划、道路两侧土地使用规划、道路功能定位、规划道路主要技术指标、道路规划线位、跨河桥规划、隧道规划、道路及桥梁、隧道标准横断面规划、相交道路规划、交叉口规划、轨道交通规划、其他交通设施规划设计要求、相关河道规划、相关变电站和高压走廊规划、其他市政设施规划、问题和建设等内容。除了上述的内容外，规划方案中还应增加以下内容：立交规划、交通枢纽等重大交通设施规划、交通需求分析等。

（2）图纸

主要包括规划道路位置示意图，规划道路周围道路网规划图，规划道路周围土地使用规划图，道路、跨河桥、隧道规划标准断面图，其内容和深度与规划条件中的图纸内容和深度相同。除了上述图纸外，规划方案中还应增加道路规划方案平面图。

城市道路规划设计的一般工作程序如下：首先，对规划道路沿线及周边一带区域有详细的现场踏勘；其次，调查和收集相关的交通、用地及社会经济基础资料；再次，研究并提出道路规划线位，红线宽度、横断面布置等方案和要求；最后，对规划道路在设计阶段及实施阶段应注意的事项或要求提出意见和建议。

第二节　城市公共交通系统规划

一、城市公共交通分类

（一）城市道路公共交通

行驶在城市地区各级道路上的公共客运交通方式，统称为城市道路公共交通。城市道路公共交通分为常规公共汽车系统、快速公共汽车系统、无轨电车和出租汽车等。

常规公共汽车系统是指具有固定的行车线路和车站，按班次运行，并由具备商业运营条件的适当类型公共汽车及其他辅助设施配置而成的公共客运交通系统。快速公共汽车系统是由公共汽车专用线路或通道、服务设施较完善的车站、高新技术装备的车辆和各种智能交通技术措施组成的客运系统，具有快捷舒适的服务水平，是新兴的大容量快速公共汽车系统。无轨电车有固定的行车路线和车站，通常由外界架空输电线供电（也可由高能蓄电池供电），是无专用轨道的电动公交客运车辆。出租汽车是按照乘客和用户意愿提供直接的、个性化的客运服务，并且按照行驶里程和时间收费的客车。

（二）城市轨道交通

城市轨道交通为采用轨道结构进行承重和导向的车辆运输系统，依据城市综合交通规划的要求，设置全封闭或部分封闭的专用轨道线路，以列车或单车形式，运送相当规模客流量的公共交通方式。城市轨道交通包括地铁系统、轻轨系统、单轨系统、有轨电车、磁浮系统、自动导向轨道系统和市郊铁路系统等。

1. 地铁

地铁是一种大运量的轨道运输系统，在地下空间修筑的隧道中运行，当条件允许时，采用钢轮钢轨体系，标准轨距为1435mm，在大城市也可穿出地面，在地上或高架桥上运行。按照选用车型的不同，又可分为常规地铁和小断面地铁；根据线路客运规模的不同，又可分为高运量地铁和大运量地铁。

2. 轻轨系统

轻轨系统是一种中运量的轨道运输系统，采用钢轮钢轨体系，标准轨距为1435 mm，主要在城市地面或高架桥上运行，线路采用地面专用轨道或高架轨道，遇繁华街区，也可进入地下或与地铁接轨。轻轨车辆包括C型车辆（国内轨道交通车辆基本形式之一）、直线电机车辆等。

3. 有轨电车

有轨电车是一种低运量的城市轨道交通，电车轨道主要铺设在城市道路路面上，车辆与其他地面交通混合运行，根据道路条件，又可区分为3种情况：混合车道；半封闭专用车道（在道路平交道口处，采用优先通行信号）；全封闭专用车道（在道路平交叉口处，采用立体交叉方式通过）。

4. 磁浮系统

磁浮系统是指在常温条件下利用电导磁力悬浮技术使列车上浮，车厢不需要车轮、车轴、齿轮传动机构和架空输电线网，列车运行方式为悬浮状态，采用直线电机驱动行驶，现行标准轨距为2800mm，主要在高架桥上运行，特殊地段也可在地面或地下隧道中运行。悬浮列车按运行速度高低可以分为：高速磁浮列车和中低速磁浮列车两种类型。高速磁浮列车时速可达400~500km，适用于远距离城际间交通；中低速磁浮列车时速可达100~150 km，适用于大城市内、近距离城市间及旅游景区的交通连接。

5. 自动导向轨道系统

自动导向轨道系统是一种车辆采用橡胶轮胎在专用轨道上运行的中运量旅客运输系统，其列车沿着特制的导向装置行驶，车辆运行和车站管理采用计算机控制，可实现全自动化和无人驾驶技术，通常在繁华市区线路采用地下隧道，市区边缘或郊外宜采用高架结构。自动导向轨道系统适用于城市机场专用线或城市中客流相对集中的点对点运营线路，必要时中间可设少量停靠站。

6. 市郊铁路系统

市郊铁路系统是一种大运量的轨道交通系统，客运量可达20万~45万人/日。市郊铁路适用于城市区域内重要功能区之间中长距离的客运交通。市郊列车，主要在地面或高架桥上运行，必要时也可采用隧道运行。当采用钢轮钢轨体系时，标准轨距亦为1435mm，由于线路较长，站间距相应较大，必要时可不设中间车站，因而可选用最高运行速度在160 km/h以上的快速专用车辆，也可选用中低速磁浮列车。

（三）城市水上公共交通

城市水上公共交通是航行在城市及周边地区范围水域上的公共交通方式，是城市公共交通的重要组成部分，其主要运行方式有3种：连接被水域阻断的两岸接驳交通；与两岸平行航行，有固定站点码头的客运交通；旅客观光交通，均为城市地面交通的补充。城市水上公共交通分为城市客渡和城市车渡。城市客渡是城市公共客运交通的主体，有固定的运营航线和规范的客运码头，是供乘客出行的交通工具。城市车渡则是指在江河、海峡等两岸之间，用机动船运载车辆以连接两岸交通的轮渡设施。

（四）城市其他公共交通

城市其他公共交通还包括客运索道、客运缆车、客运扶梯和客运电梯等。

二、城市道路公交规划

城市道路公交规划主要包括常规公交线网规划、常规公交场站规划、快速公交系统（BRT系统）规划、公交专用道规划、出租车规划、导向公共汽车规划等。

（一）常规公交线网规划

1. 线路布设（从环路、平行布设、纵向布设视角叙述）

公共交通线网是由多条公共交通线路所组成的线路网络。线路形态是指线网在整体上所表现出来的网络特征。一般地，公共交通线网形态包含放射形、环形、混合型等几种类型。

2. 线路类型

公共交通线路具有不同的分类。

（1）根据性质定位划分

根据在城市客运交通中的性质定位及客流特征，可以分为骨干线路、区域线路、接驳线路。

（2）根据运营时间划分

根据运营时间可分为全日线、高峰线、夜班线。

（3）根据车辆类型分类

根据车辆类型，可分为电车线路和汽车线路。

3. 服务水平

（1）线网指标

①线网密度

线网密度是指公共交通线路长度与城市用地面积之比。

线网密度是反映公共交通供给能力、服务水平和覆盖范围的重要指标之一。

②线路长度

线路长度是指一条公共交通线路的长度，线路长度不宜过长也不宜过短。经验表明，线路长度与城市用地的面积、形状、范围、乘客的平均乘距有关，应该根据城市用地及乘客平均乘距来合理确定。

③线路条数

线路条数是指线网中线路的总条数。线路条数与线网密度关系密切，需要考虑乘客需求、运行需求、公交企业成本等因素来确定。

④线路非直线系数

线路非直线系数是指公共交通线路的实际走行长度与起终点的空间直线距离之间的比值；也有的计算方法考虑了与道路条件的结合，线路非直线系数指的是实际走行长度与起终点的最短道路长度之间的比值。

⑤线路站间距

线路站间距是指线路车站之间的距离，影响线路的覆盖水平、运营速度，需要根据乘客需求、运营组织、道路条件来综合确定。

⑥站点覆盖率

站点覆盖率是指站点周边一定距离内所覆盖的面积与研究范围的面积之间的比值，覆盖率越高，说明公共交通的服务水平越高。

（2）运能配备

运能指的是一条公共交通线路运输乘客的能力。运能配备是保证和提高营运服务质量的重要物质基础。

①运能指标

车辆数，是指用于运营的全部车辆数，不包括教练车、修理车等非营运车辆。

客位数，是指运营车辆所提供的最大运输客位总数（定员数），包括车辆设置的固定座位数（不包括司售人员座位）和有效站立面积人数的总和。

行驶里程，是指运营车辆在全部工作日内所行驶的里程总和，包括营运里程和空驶里程，但不包括进出保养场或修理厂及试车的里程。

客位公里，是指运营车辆的最大客位数与行驶里程的乘积的综合。

里程利用率，是指载客里程与总行驶里程之间的比值。

行车速度，是指对车辆配备有决定作用，并且关系到行车安全、服务质量和企业的运营成本。一般行车速度有以下 5 种：车辆设计速度，是指根据车辆的动力、结构而提出的设计制造要求，在没有交通障碍下所能达到的最高行车速度。线路许可速度，是指根据安全行车要求而确定的最大许可速度，一般依据道路条件和交通组织情况而确定。行驶平均速度，是指线路两个停靠站之间的平均速度，是线路长度与全线行驶时间之比，不包括中途站上下客和终点站调头时间、遇红灯等候时间。运送车速，是指车辆运送乘客的速度，即线路长度与包括中途上下乘客停车时间在内的全线行驶时间之比。运营车速，是指营业线路上值勤时间内每小时平均车速。值勤时间包括除遇红灯停车时间之外的所有行驶时间。

行车频率，是指单位时间内通过线路某一断面或停靠站的车辆数。

线路每公里平均车辆数，是指线路的总车辆数与线路长度之间的比值，反映了线路的运营能力和最大负荷水平。

②运能估算方法

按照服务标准估算并配备运能，是线路长远规划的重要内容。合理地配备运能需要有准确的估算。运能的估算应考虑行车速度、车辆频率、线路负荷水平因素的要求。运能估算方法有高峰小时客运量算法、全日客运周转量估算法、高峰时段车间隔估算法、公共汽车核定运能估算法等。

4. 规划原则

（1）线网结构规划

公共交通线网结构主要有放射形、棋盘形、环形等类型，类型的选择需要综合考虑城市功能布局与发展方向、客运交通需求特征、道路网条件等因素。

（2）线网密度规划

线网密度反映了公共交通线网的服务水平，需要考虑线网覆盖范围、客流需求、道路条件等因素来综合确定。

（3）线路规划

公共交通要为乘客提供良好的、方便的乘车服务，公交线网的规划设计尤为重要。线网结构界定了公共交通线网整体上的基本形态、覆盖范围及强度，线路规划则是根据线网结构和布局的要求，对单条线路的公共交通线路走向、运营能力和服务水平、质量进行研究和确定。

（4）站点规划

①乘客需求

站点规划需要考虑乘客的出行需求，包括商业区、居住区、公共活动中心等主要的客流集散点、线路与线路之间的换乘点。

②站间距要求

站点规划需要考虑站间距的要求。站间距需要均衡运营速度和覆盖范围来确定。站间距越小，覆盖范围越大，但运营速度越低；反之站间距越大，运营速度越高，但覆盖范围越小。通常在客流密集地区站间距相对短一些，在外围客流较少地区站间距则相对长一些。

③设站条件

站点规划还需要考虑设站条件，既要方便乘客上下车和换乘，又要避免乘客的上下车影响交通安全和畅通。

（5）车辆选型

车辆选型是公共交通线网规划的一个重要组成部分。为适应城市道路、满足乘客需求的增长，便于线路运营和管理，需要从全局出发，综合权衡各个影响因素，找出车型车种的合理构成。

（二）常规公交场站规划

1. 规划目的

城市常规公交场站规划设计的主要目的是：确定公交场站的功能、建筑规模、用地面积、建筑高度、容积率、绿地率、空地率、建筑密度等规划设计指标，完成平面布局、外部交通等规划设计条件，为公交场站工程设计提供技术支撑。

2. 常规公交场站概念及分类

常规公交场站是指为常规公交系统提供乘客上下车与线路换乘、公交车停放、维修与保养、线路运营调度指挥等服务功能的交通场站设施。根据服务对象和服务性质，常规公交场站一般可分为一般公交中间站、公交首末站、公交枢纽站、公交停车场、保养场等几类场站设施。

3. 公交场站规划的主要原则和内容

（1）规划原理

城市公共交通站、场、厂的设计应结合规划合理布局，计划用地，做到保障城市公共交通畅通安全、使用方便、技术先进、经济合理。

（2）规划内容

规划背景，主要说明公交场站规划的原因或者必要性，规划的位置、用地范围等背景资料。

现状分析，分析公交场站周边现状公交设施、现状道路设施、周边用地等情况。

功能定位分析，分析公交场站的功能、配置、建筑规模等。

规划设计条件分析，根据公交场站的功能定位，提出规划设计的要求和指标。规划指标包括用地面积、建筑高度、容积率、绿地率、空地率、建筑密度等。规划设计要求包括功能布局设计、交通组织设计、市政设施规划设计等。

平面布局分析，分析公交场站的公交线路走向、车辆进出口位置、公交车上下客站台的平面布局形式和安排，作为下一步方案设计的参考。

外部条件分析，根据公交场站位置、范围及功能，分析公交场站范围外部的交通、用地等方面的相关规划条件。

结论及建议，总结规划的内容，并提出下一步工作的方向和建议。

（三）BRT系统规划

1. 概念

BRT是英文bus rapid transit的简称，中文称为快速公交系统，它将轨道交通系统的服务特性和常规系统的灵活性整合在一起，是介于轨道交通模式和常规公交模式之间的一种快速公交交通方式。国内外对BRT的含义有多种解释。一般来说，BRT系统指的是利用先进的汽车技术、智能交通系统、运营组织管理技术，开辟了专用道路空间，改进公共汽车的线路、车站等基础设施，提高公共交通系统的运输能力、运输速度、舒适程度、环保和外观效果，达到轨道交通系统中轻轨系统的服务水平的一种快速公共汽车交通系统。

2. BRT系统的组成部分

虽然BRT系统在具体实施上有一定的灵活性，但是BRT系统的组成部分一般都包含道路空间、车辆、车站、运营组织管理技术、智能交通系统技术等几个部分。

（1）道路空间

道路空间的使用形式既影响BRT的运营速度、运营可靠性、运输能力等服务水平特性，也会影响BRT系统的实施条件、拆迁费用。从道路使用权的角度，可以将BRT系统使用道路空间的形式分为3个等级：全封闭专用道、半封闭专用道、混合车道。全封闭专用道是指封闭BRT使用的道路空间，与其他车辆的行驶空间之间完全隔离，存在交叉的地方，采用立体方式（包括高架或地下敷设方式）通过。半封闭专用道是指封闭BRT使用的道路空间，与其他车辆的行驶空间之间完全隔离，但是在交叉口地方，利用信号优先技术，使BRT车辆优先通过。混合车道是指BRT车辆与其他车辆具有同等道路使用权，可同时在同一车道上行驶。在车道设置形式上，有路中专用车道形式、路侧专用车道形式，路侧专用车道形式又可分为两侧布置形式和单侧布置形式。路中专用车道形式是指将BRT线路的上下行双线集中布置在道路中央的布置形式。路侧两侧布置专用车道形式是指将BRT线路的上下行双线分开，分别设置于道路外侧两侧的布置形式。路侧单侧布置专用车道形式是指将BRT线路的上下行双线集中设置于道路外侧一侧的布置形式。

（2）车辆

BRT系统的车辆的性能直接影响BRT系统的运输功能，运营速度、运营可靠性、环保性能影响城市景观和乘客的舒适度。与常规公交相比，通常BRT车辆车身长度更长，具有更多的车门，因而BRT车辆具有更大的运输能力、更快的运营速度，乘客乘坐的舒适度更高，并且车辆的安全性和可靠性更高。车辆动力系统可以选择电力或者其他能源驱动系统，从而提高车辆的性能。

（3）车站

BRT 系统的车站是提供乘客上下车的设施，是 BRT 系统的重要组成部分，车站的设置影响系统的运营速度、服务水平，其建筑形式影响城市整体景观。车站按照功能可以分为中间站、换乘终点站。中间站提供乘客上下车的功能；换乘站除提供乘客上下车的功能，还提供与其他公交线路换乘的功能；终点站则是指处于线路终点最后一站的车站，除了乘客上下车功能外，通常还提供票务管理、线路调度等功能。

（4）运营组织管理技术

BRT 系统具有先进的监控、调度、信号等控制系统和运营组织管理技术来控制车辆的发车频率、运行时间和行驶位置。监控系统使得运营管理者可针对道路条件和乘客的具体出行需求来控制车辆的运行状况，提高线路运营的效率。调度系统可以向驾驶人员提供指示信息，提高车辆运营的可靠性、车辆间距的合理性，从而保障乘客出行的安全性和准时性。信号控制系统控制线路的通行许可权，在道路使用权与其他车辆发生交叉的地方保证 BRT 系统车辆的优选通行权，有利于保证 BRT 系统服务的规律性、准时性，提高 BRT 系统的吸引力。

（5）智能交通系统技术

BRT 系统中通常采用先进的智能交通系统技术，对运营车辆采取有效控制。例如，通过 GPS 等定位系统实现车辆的自动定位，进行车辆的动态调度，应用辅助驾驶系统技术保持车辆的平稳、快速、安全运行，采用交通感应系统实现信号优先控制，通过广播和无线网络等媒介向乘客提供公交信息服务系统、电子收费系统等，提高 BRT 系统的运营效率和服务水平。

3. BRT 线网规划

（1）规划内容

BRT 线网规划的研究内容主要包括 BRT 系统在城市公共交通系统中的功能定位、公共交通需求预测和分析、BRT 系统的网络布局规划、线路走向规划、车站规划及相关设施规划等内容。

（2）功能定位

确定 BRT 系统在城市公共客运交通系统中的功能定位，以及 BRT 与城市轨道交通系统、常规公交系统等其他系统之间的相互关系。

（3）公共交通需求预测和分析

在 BRT 线网规划之前，需要分析和预测研究范围内的客运交通需求，作为规划的依据。在公共交通需求预测时，一般采用传统的四阶段预测模型，从城市综合交通规划出发，首先通过调查预测出全方式的居民出行需求、出行分布量、出行交通方式、公共交通客运量的总量和分布情况，进而分析客运交通出行的主要集散点和主要的城市公共交通客运走廊，作为下一步 BRT 系统规划的定量依据之一。

（4）网络布局规划

在客运交通走廊和客流集散点分析的基础上，结合 BRT 系统在公共交通客运系统中的功能定位，根据道路的布局形态和项目实施条件，规划出 BRT 网络布局，安排出各条线路的具体走向，并做网络方案评价以进行优化，直到最后得到推荐方案。

（5）线路走向规划

根据线路布局模式和线路的功能定位，以及可利用的道路资源条件和主要的服务对象，与其他交通方式结合，规划线路的具体走向，并且在工程项目可实施性上考虑线路服务水平（包括线路的运营速度、运输能力等）、线路的路权、线路在道路断面上的位置安排。

（6）车站规划

根据线路客流特征和服务水平确定车站间距，将车站位置与服务对象相结合。根据客流需求和实施条件，规划车站的平面布置形式。车站的平面布置形式根据 BRT 车站与道路断面的关系，可以分为中央岛式站台、中央侧式站台、路侧侧式站台。中央侧式站台是指将站台设置于道路中央，线路两外侧各设置一个侧式站台，通过人行天桥、过街通道或者人行斑马线与道路外侧相连接。路侧侧式站台是指将站台设置于道路外侧的形式，包括道路单侧布置形式和道路两侧布置形式。

（7）BRT 系统场站设施规划

BRT 系统是一个综合的先进的公共交通系统。如前面所述，BRT 系统中不仅包括道路空间、线路车站等基础设施，还包括 BRT 系统的停车保养场、供电和通信等基本运营设备系统、运营调度系统、信号控制系统、乘客信息服务系统、车辆定位系统等智能交通系统。其中，停车保养场是为 BRT 车辆提供停放、维修、保养的专门场所。BRT 系统相关场站设施的服务功能、选址位置、用地规模也需要在进行 BRT 系统规划时作出安排，其规划用地规模根据所承担的功能来确定。例如，BRT 系统停车保养场的规划用地规模通常根据其所承担的停放车辆数、保养车辆数、保养级别和保养周期等因素来确定。

三、城市其他公交系统

（一）客运轮渡

轮渡是指在水深不易造桥的江河、海峡等两岸间，用机动船运载旅客和车辆，以连接两岸的设施，是一种水上公共客运交通方式。轮渡一般作为设置于被江河分离的城市两边或者海边城市与海上岛屿之间的交通联系，通过轮船实现乘客或者货物等的过江或过海运输。

客运轮渡具有固定的线路，主要弥补过江或者过海的公共交通的不足，其线路的规划应该与道路交通系统、公共交通系统相结合。为保持公共交通出行的连续性，客运轮渡两端应有相应的交通接驳设施与之衔接。

（二）客运索道和缆车

客运索道是指由驱动电机和钢索牵引的吊箱，以架空钢索为轨道的客运方式，是一种主要用在山地城市、跨水域城市克服天然障碍的短途客运，一般不大于2km。客运索道系统主要由支撑架、承载架、牵引索、驱动机、载人吊箱、站台建筑、运行控制设备和通信设施等组成。

客运缆车是指山区城市的不同高度之间，沿坡面铺设钢轨和牵引钢索，车厢以钢轨承重和导向，并由钢索牵引运行的客运方式，适用于需要克服地域高差较大的短途客运交通线路及山区旅游地区等。客运缆车系统主要由车站建筑、轨道基础设施、轨道结构、牵引钢索、导向轮、驱动系统、行车控制系统、通信设施和载人车辆组成。

（三）客运电梯和扶梯

客运电梯是指在山地或建筑物不同高度之间，由电动机和钢索牵引的轿厢，沿垂直导轨往前运行的客运系统。客运电梯线路一般为直达，必要时也设置中途站。客运扶梯是指在山地或建筑物内不同高度之间，由驱动电机和齿链牵引的梯级和扶手带，沿坡面连续运行的客运系统。一条线路有两部客运扶梯并列相向运行。当线路长度大于100m时，应该考虑分段设置，客运扶梯线路的角度一般不大于30°。当扶梯上无乘客时，客运扶梯应能够自动减速运行。

第三节　城市交通枢纽系统规划

为使各种运输方式联合运输系统高效运转，解决不同运输方式在枢纽规划、建设与运营管理等方面出现的缺乏统一规划、条块分割、重复建设乃至相互矛盾等问题，迫切需要研究有利于城市综合运输体系发展与完善的枢纽建设问题，提出交通枢纽发展、布局规划与评价的新思路。

一、城市交通枢纽系统介绍

（一）城市交通枢纽的概念

不同的国家、地区及不同的运输方式对枢纽的认识是不同的。一般意义上认为，城市交通枢纽是指在城市内部的两条或者两条以上交通运输线路的交汇、衔接处，具有运输组织与管理、中转换乘及换装、装卸存储、信息流通和辅助服务等功能的综合性设施。建立和完善城市交通枢纽体系的主要目的可归纳为尽量降低居民出行的时间与费用，加快货物流通和周转的速度，同时平衡客货交通运营的成本。

（二）城市交通枢纽的功能

城市交通枢纽是城市交通运输体系的重要组成部分，是不同运输方式的交通网络相邻路径的交汇点，是由若干种运输所连接的固定设备和移动设备组成的整体，共同承担着枢纽所在区域的直通作业、中转作业、枢纽作业、枢纽地方作业以及城市对外交通的相关作业等功能。

从交通枢纽在运输全过程中所承担的主要作业任务来看，它的基本功能是保证 4 种主流作业：直通作业、中转作业、枢纽地方作业以及城市对外联系的相关作业。其中，综合交通枢纽是同时承担着几种运输方式的主枢纽功能的节点，是运输方式的生产运输基地和综合交通运输网络中客货集散、转运及过境的场所，具有运输组织与管理、中转换乘换装、装卸存储、多式联运、信息流通和辅助服务几大功能，对所在区域的综合交通运输网络的高效运转具有重要的作用。

在很多国家都出现了一批以转换交通方式为主的客运枢纽。这类客运枢纽配套设施齐全，服务水平高，而且这类换乘客运枢纽已不只是一个单纯的交通枢纽，多是集商业、办公、居住等诸多功能为一体的区域地区中心。在国内，北京、上海等大中城市也都有相关的客运换乘枢纽的规划设计，就是为了发挥换乘枢纽节点和内外交通衔接作用，带动周边地区的发展，降低市民的出行成本。

（三）城市交通枢纽的分类

城市交通是由多种方式构成的，可分为对内交通和对外交通两方面，对内交通的主要交通方式有地下铁道、轻轨、公共汽车、出租车、小公共汽车、轮渡等。这些交通工具自成体系，各自都有独立的网络，但是在为城市提供交通方面又与周围环境结合，合为一体，目标一致，相互开放协调。一个优质的城市交通网络不仅在于线路的合理设计，更重要的则体现在各种交通工具之间的密切衔接、交通流畅通。交通枢纽就是将具有多层次性、多样化的城市交通线路衔接在一起，成为一个交通体系的关键节点。按照不同的衔接线路和提供不同的中转换乘功能，可以分为多种类型的城市交通枢纽。

按交通方式分，可以分为轨道交通枢纽、公交枢纽、停车换乘枢纽。轨道交通枢纽是以轨道交通为交通工具，实现轨道交通不同线路之间的换乘点。公交枢纽则是连接不同公交线路，提供乘客在不同公交线路之间换乘的公交节点。而停车换乘枢纽是为方便换乘、吸引个体交通向公共交通转移，在中心城边缘主要交通走廊设置的“停车—换乘”枢纽设施。

按客货运类别分，可以分为客运交通枢纽和货运交通枢纽。客运交通枢纽仅为客流提供换乘、直达服务。货运交通枢纽则是为货物在城市中的位移提供中转、直达、换装等功能的货物集散中心。

按交通功能分，可以分为城市对外交通枢纽，其功能是将城市公共交通与铁路、水路、航空、长途汽车交通连接起来，使乘客顺利地完成一次旅行。这种枢纽的定位，都以相对运量大的那种交通方式的站点为依据。市内交通枢纽，其功能是沟通市内各分区间的交通。为特定设施服务的枢纽，其功能是为体育场、全市性公园等大型公共活动的场所的观众、游人的集散服务。

二、城市交通枢纽规划原则

城市交通枢纽系统的建设离不开科学完善的规划，规划的原则主要是根据近期城市交通的需求和远期城市交通发展（城市总体规划）的需要，进行交通枢纽的选址、规模确定、方案比选、建成后评价等。通过对城市交通枢纽的规划，在交通状况、路网建设、交通构成发生变化后，尽量保证城市客运交通体系仍可满足近期和远期城市居民的出行需求，保证其内部的车流、人流协调畅通，方便乘客在各种交通方式间的换乘，提高交通枢纽的整体运行效率，这是一个很值得研究的课题。

（一）影响因素

影响城市客运交通枢纽规划设计的主要因素有客流量、交通方式、出行换乘、换乘步行距离和时间、商业战略等。

1. 城市的发展形态

任何一个城市都有自己的布局形式，即发展形态。城市的形态直接影响到城市出入口的规划设计，而城市出入口又是城市对外交通枢纽的重要选点。因此，城市的发展形态是影响城市客运交通枢纽规划布局的因素。举例说明，如同心圆式的团状发展形态，像南京市建成区的形态是以市中心、居住区为核心，有规则地或不均衡地向外逐步发展。城市的客流量可能均匀地分向在城市各条道路上，路网多为方格网形式或环形加放射式，出入口道路多沿城市外围均匀向四面八方延伸。因此，城市对外交通枢纽，或担负城乡间客运换乘的枢纽也沿城市周边布置。

2. 城市功能

城市总体规划规定了城市性质、城市功能分区、城市发展和经济发展方向。城市客运交通枢纽的布设，应以城市居民出行、经济活动、文化体育活动、对外交通的需求为根据。因此，城市的功能影响着枢纽的定位。

3. 客流集散点的客流分布及强度

交通枢纽应该布置在客流集散量大的地点，一般指换乘客流量、城市居民出行调查得到的流量、流向分布、出行结构及各区域中心的客流集散强度等资料，是枢纽规划设计的基础资料。交通枢纽内部各种交通方式间的换乘客流量是确定交通枢纽规模、功能与布局的主要依据。衔接客流量是指枢纽内各种交通方式的旅客集散量及相应总和，某种交通方式的衔接客流量的分布是指枢纽内换乘其他交通方式的旅客数及相应比例。

4. 公共交通系统中的交通方式构成

各种交通方式由于运输能力和适宜的运输距离的差异，具有不同的适用范围。如何衔接好各种交通方式，适应不同城市不同分区的交通需求，充分发挥各类交通方式的适应性，决定了枢纽的设计原则和目标，也决定了其建筑形式和规模。

5. 公共交通管理

公共交通的管理体制和管理水平，如车辆归属哪个公司、票价、票制、线路类别等，对乘客、枢纽平面布置、规模大小等都会产生影响。

6. 道路状况

道路网的形式，路网密度，快速路、主干路、次干路的长度及比例，道路网的发展规划，直接涉及客运交通枢纽的选址、规模和布局。

7. 出行换乘

城市居民出行目的的不同决定了换乘枢纽存在的必要性，尤其是在使用公共交通的出行中，出行目的的不同决定了乘客对公共交通服务的特定换乘要求，公交运营的特点也决定了线路之间不可避免地要求设置换乘站。因此，换乘的需要是城市公共交通区别于私人交通的一个重要特征，也是私人交通向公共交通转换的必要手段。

8. 换乘步行距离和时间

换乘步行距离和时间主要由枢纽的空间布局决定，它对乘客的出行心理及选择出行方式有重要的影响，是衡量换乘的连续性、通畅性、枢纽规划的紧凑性的第一指标。

9. 商业战略

在枢纽规划建设的同时进行商业开发，有利于回收资金提高经济效益，但对其开发的性质、规模应具体分析，严格控制。因为商业服务必然吸引更多的人流，引起人流停滞，从而有可能影响枢纽换乘功能的发挥。因此，要做好必要的预测和规划。

10. 政治因素

在保密单位及高级外事部门附近，不宜设置交通枢纽。因迎宾或其他政治需要，对枢纽或与其连接的干道做某些处理，也是在情理之中的。因此，政治因素对枢纽选址、交通组织也有影响。

（二）基本原则

规划建设城市交通枢纽首先要考虑换乘协调，体现“以人为本”的原则，即保证人流在枢纽内换乘的安全性、连续性、便捷性、舒适性和客运设备的适应性。在交通枢纽内，各种接驳方式都有其存在的合理性，要组织好换乘交通，保证各交通系统间的衔接协调，必须遵循以下原则。

1. 换乘过程的连续性

旅客完成各种交通方式间的搭乘转换，应该是一个完整连续的过程。换乘的连续性是组成换乘交通最基本的要求和条件。枢纽的位置应为旅客提供方便的最佳交通工具及最佳交通线路的机会，这样才能保证出行连续，减少延误。

2. 客运设备的适应性

保证各交通方式的客运设备（包括各种交通工具的数量、客运站和枢纽中的站屋、站台、广场、人行通道、乘降设备、停车设施等）的运输能力相互适应和协调。

3. 客流过程的通畅性

使乘客尽可能均匀地分布在换乘过程的每一个环节上，不要在任一环节滞留、集聚，保证换乘过程的紧凑和通畅。

4. 换乘的舒适性和安全性

安全是对乘客的尊重，是规划建设交通枢纽注重的首要原则。换乘过程的舒适、安全，不仅对乘客个人的生理、心理产生影响，同时也可能对社会产生意想不到的影响。过分拥挤和无安全感会给乘客造成旅途疲劳，心理压力大，情绪烦躁，从而影响乘客的工作、学习和生活等各个方面。

（三）规划方法

1. 以交通分析为主导

以交通模型为基础、交通预测为核心的交通规划方法，是交通枢纽规划的基本方法。城市交通枢纽规划要从某一城市具体的综合交通规划入手，以交通引导枢纽的土地利用和方案规划。

2. 定性分析和定量分析相结合

交通枢纽规划不仅涉及交通方面的专业知识，同时也需要具有历史、建筑、美术等多方面的专业知识，既有专业性，又有综合性。枢纽规划的技术路线和方法可以有较强的适应性，但根据枢纽的换乘对象不同、地点不同，枢纽的规划思想会有较大差别，既有规律性，又有不稳定性，既有数据计算，又要有经验判断。所以，在交通枢纽规划时，应采用定性分析和定量分析相结合、专家经验和数理论证（模型预测）相结合的系统分析方法。

3. 静态和动态相结合

交通规划实际是交通需求和交通供给这一对矛盾因素的动态平衡过程，交通枢纽规划也是针对这一动态过程的规划。因为交通枢纽规划与地区发展密切相关，也要侧重远景年的长远规划，在这一过程中有许多影响因素。在利用交通模型预测时，要充分估计到不定因素的影响和客流自然调节平衡的可能性，要注重各种因素的不确定性，应考虑进行多动态的层次分析。虽然因素分析及预测主要相对于远景年的，但其中仍然存在规律性，这为静态前提下的宏观分析计算提供了可能。因此，在规划方法上应注意静态和动态相结合。

4. 枢纽规划与远景方案相结合

枢纽规划的主要目的是勾画远景，可操作性是规划成败的关键，要考虑设计的阶段性和连续性。因此，必须进行科学的近期实施规划，并使近期实施与远期规划之间有科学合理的过渡和延伸，才能确保远景规划的实现。另外，近期的交通治理或工程建设，都应在远景规划指导下进行，脱离远景目标的建设往往是没有生命力的。

(四) 关键要点

1. 始终坚持“以人为本”的原则

除了要保证交通枢纽内乘客在各种交通方式之间换乘的安全性、连续性、便捷性和舒适性外，也需要考虑乘客到达、离开交通枢纽时的安全性与便捷性。

2. 合理组织交通流

交通枢纽内、外的交通流包括人流、非机动车流（自行车、三轮车）和机动车流（小汽车、出租车、公交车），每一类交通流各有特点。在进行城市交通枢纽规划时，应考虑如何协调交通枢纽内部与外部道路的交通流，合理组织枢纽内部的交通流运行，才能提高交通枢纽的整体运行效率。

3. 多方式的换乘问题

交通枢纽的主要功能是组织换乘交通，使乘客通过各种交通方式间的换乘顺利到达目的地。在规划交通枢纽时，应充分考虑各种接驳方式的合理性，保证各交通系统间的协调衔接。根据乘客的需要来组织换乘交通，尽量减少乘客在各种交通方式间换乘所用的时间。

4. 配套设施的配置问题

根据城市交通枢纽交通功能、服务区域和规模的不同，在进行交通枢纽规划时，需要配置不同的配套设施。无论是哪种交通枢纽，都需要配置清晰明了的指示标志，特别是对于大型交通枢纽。外部标志标识交通枢纽的具体位置，指引乘客方便找到交通枢纽；内部标志标识各类设施所在的位置，以及各种交通方式的行走路线等。如果是长途汽车、火车站等枢纽，需要配备供旅客休息的场所；在公交中转站枢纽，最好有提示牌（电子、书面或人工咨询）告知乘客到达目的地的乘车线路。

三、城市客运交通枢纽规划

城市交通枢纽是城市客、货流集散和转运的地方，可以分为城市客运交通枢纽、城市货运交通枢纽和设施性交通枢纽。城市客运交通枢纽是城市交通运输体系的重要组成部分，是城市客流集散的中心点，承担着城市日常客流的换乘功能和直通功能，是满足城市客流方向多样性、复杂性需求的换乘中心。

城市客运交通枢纽往往地处城市中心发达地区，交通设施规划的好坏直接影响着城市经济的发展。但是长期以来，各种运输方式只重视运输线路（道路、轨道交通等）的规划建设，对综合运输网络的结合部系统统筹规划与建设重视不够，枢纽布局不尽合理，与城市土地开发衔接不够紧密，造成客、货集散与中转不方便、不流畅，使我国大部分城市客运交通换乘效率低下，换乘时间远高于国外发达国家的大城市，城市客运交通枢纽往往成为客运交通的瓶颈。另外，交通枢纽建设过于单一化，在城市交通规划文件中，往往只重视建设综合大型交通枢纽，而忽视对城市客运交通枢纽体系的建设，使得枢纽对城市交通压力的缓解作用不能发挥，即客运交通枢纽真正的作用不能体现。

（一）城市客运交通枢纽介绍

城市客运交通枢纽既包括作为内外衔接系统的铁路车站、公路长途汽车站、港口码头和机场，也包括作为城市内部交通系统的公交枢纽、交叉路口、轨道交通车站等。城市客运系统是城市交通系统的核心，城市客运交通不仅要保障完成日益增加的客运任务，还要满足乘客对于交通舒适度和速度的要求。城市交通枢纽的功能设置及其交通流组织是实现这些要求最重要的保证。

（二）城市客运交通枢纽布局规划原则

城市交通枢纽布局规划属于长期发展规划，它对交通枢纽的建设、营运、管理起宏观指导作用。枢纽的布局必须服从社会经济发展的战略目标，符合规划城市地区的总体规划和生产力分布格局，满足社会经济发展产生的运输需求。布局必须充分适应城市综合运输发展的需要，考虑多条运输线路之间，特别是各种运输方式之间的衔接，实现信息互通、能力匹配，使交通枢纽保持连续、高效运转，提高综合运输效益。

由于客运与货运在运输特征上的差别，因此城市交通枢纽的布局又可以分为客运枢纽的布局选址和货运枢纽的布局选址。城市客运交通枢纽必须依托于所在城市的综合交通网络，所以城市客运交通枢纽规划是在城市社会经济发展规划、城市总体规划及土地利用规划等上级规划基础上进行的专门规划。城市客运交通枢纽的建设，会影响其所在城市的综合交通网络，改变其原有的最优平衡状态。因此，客运交通枢纽规划在城市综合交通规划中具有重要的地位。

城市客运交通枢纽的布局规划是根据对社会经济发展和交通需求的预测结果，利用交通规划和网络优化理论，对所规划的交通枢纽的场站数量、大小和位置进行优化，同时调整枢纽内部及相互间关系，以实现整个交通枢纽系统的运输效率最大化。其主要内容涉及社会、经济与交通运输的调查与分析，发展预测，交通枢纽场站布局优化，枢纽系统设计，社会经济评价等工作。

（三）城市客运交通枢纽布局的层次化

城市客运交通枢纽层次化结构的布局是对城市客运交通枢纽布局规划提出的一种规划指导思想，是对现有规划方法的一种补充。在现有规划模型的基础之上加入城市开发模式的考虑因素，把交通枢纽的布局更好地与城市发展结合起来，更能为各项城市活动提供便捷、舒适的运输服务。城市客运交通枢纽的层次化布局可以分为两个阶段：一是宏观总体布局阶段，主要是根据未来城市布局结构和空间结构，从宏观层面上进行抽象性的布局；二是微观选址布局阶段，其内容就是在得到第一阶段所描绘的枢纽布局的框架下，利用现有规划模型进行具体的选址。

对城市客运交通枢纽进行层次化布局有以下几点意义。

第一，层次化布局从系统、全局、整体的角度出发，对整个交通体系优化配置，可以发挥城市交通系统中各运输方式的作用，做到互相补充、互相协调。完善轨道交通与其他交通方式的换乘衔接使得出行者可以在轨道交通枢纽通过换乘，方便地到达自己的目的地；在各中心区设置明显、重要节点也可以为居民出行提供方便、快捷的换乘；吸引居民从其他的交通方式，特别是私人的交通方式，转移到公共交通，保证有足够的客源维持轨道交通的良好运营、发展，从而节约整个城市活动的运输费用。

第二，城市客运交通枢纽的层次化布局以最大化发挥客运枢纽的外部性、增加城市土地开发潜力为原则，进行宏观性布局，确定客运枢纽在城市各个功能区的等级，再在功能区内利用已有的枢纽布局规划模型进行选址。城市客运交通枢纽的宏观布局阶段仅为概念性布局，不依赖于一定的线网，只根据城市的经济发展来布局，故可以将交通体系中的节点作为一个单独的规划方面，与交通线网规划既相互依赖又相互独立，在城市交通规划中做到既重视线路又重视节点的规划，两者兼顾。

第三，层次化布局是在考虑城市未来发展规划的基础之上对城市交通枢纽的统筹规划，可以把城市客运交通枢纽给城市带来的外部性收益发挥到最大限度。在城市各功能区的中心点设置城市客运交通枢纽可以巩固该功能区的城市地位，使功能区发挥更大的聚集效应，建设多中心城市形态。

第四章　城市对外交通规划

第一节　对外道路交通网络规划

对外道路交通网络规划是城市对外交通规划的主要内容，应包括市域公路网规划、城市结点路网规划和城市对外出入口道路规划。

一、市域公路网规划

市域公路网规划是以增强城市区域间的交通联系，促进城市与周边城镇的统筹发展，进行市域行政区范围内的公路网规划。市域范围内的道路包含高速公路、国省干线、集散层面的县乡公路。新一轮规划中区域骨架层的高速公路网格局基本稳定，市域公路网规划中应逐步加密干线、支线公路。城镇密集区的发展带来了区域性的通勤交通，城市群间产生了大量的交通需求，城际间应考虑通道性的公路网络设施。

在规划范围和总体要求上，市域公路网规划具有一些新的特征。总体要求上，规划是在城市总体规划和上位公路网规划发生较大调整后进行的。规划范围主要是中心城市、县城、重点城镇结点间的等级公路。

（一）规划原则

服从国家和省级干线公路网规划、区域城镇体系及社会经济发展战略，并以城市总体规划为依据，充分发挥公路运输机动灵活的优势，形成中心城市向区域辐射的多层次化公路网络体系。规划遵循的主要原则如下：

①遵循国省道干线等上位规划的要求；②与城市总体规划及其上位规划相协调；③与市域城镇体系相匹配；④满足并适度超前交通需求。

（二）主要内容

市域公路网由区域性通道、干线、集散连通的道路组成。通道和干线层公路网应根据区域经济一体化及交通运输的网络连通性要求，进一步加密完善路网并适时调整既有不适应的线路。针对快速城市化的背景，部分既有国省干道街道化严重，对外交通规划中应提出具体的改线方案。县乡公路集散层面，路网布局应连通主要城镇、人口集中分布区；道路规模和等级应与未来的交通联系强度密切相关。同时应注重引导城乡统筹发展，促进中心城市带动周边地区发展的效应。

市域公路网规划应以市域城镇体系规划及综合交通规划为前提和参考依据。规划往往包含两个层面，一是近期的改善规划，二是中长期的总体规划。近期方面，主要针对现有存在的突出问题进行诊断，提出改善的对策和措施，并给出近期建设重点项目。中长期总体规划方面，主要应研究未来公路网的总体规模和布局形态，预测远景道路交通量，提出路网远期发展目标，匡算路网总体规模。远景交通量预测应包含市域内交通量产生、分布和分配模型的建立，是市域公路网规划的一项主要内容，也是路网设计与优化的直接依据。路网总体规模匡算是在需求预测的基础上，结合社会经济发展等方面的要求，测算目标年规划区内的路网规模。布局规划阶段分别从线路和结点两个角度考虑线路的布局方案，针对不同结点的功能、线路布局的影响因素分析，可采取分层布局等方法规划整个路网。规划中还应包括路网布局效果的优化和评价内容。

（三）规划方法

市域公路网规划的理论方法主要有：四阶段法、结点法和总体规模控制法，如表 4-1 所示。

表 4-1　市域路网规划方法

名称	方法过程	适用性
四阶段法	以土地利用与交通的互动关系为原理，通过现状 OD 调查、数据采集和历史资料分析，建立需求预测模型。方法较多依赖于交通 OD 流量，分析结果强调以改善交通运行为目的进行网络和线路规划。	建议作为一种辅助决策或政策分析的基本手段，与市域路网分析的其他方法相结合，更好地发挥其在市域路网规划中的作用。
结点法	将重要城镇作为路网规划的结点，将路网规划问题分解成路网结点的选择和路网线路的设置两个部分。其核心是通过对交通、经济要素的综合考虑建立结点重要度模型，作为网络布局的依据。	结点法中定性分析的成分较大，使得该方法布局规划不确定性较大。

续表

名称	方法过程	适用性
总体规模控制法	该方法的基本思想是从宏观整体出发来把握区域内与交通运输密切相关的一些总量变化趋势。根据社会经济发展状况和交通量、运输量的变化特征，以区域内道路交通总需求来控制路网建设总规模。	此方法不依赖 OD 调查，对过境交通的考虑较少。

（四）市域路网的规模分析

路网合理规模的确定，是进行公路网布局规划的基础和依据。由于规划出发点的不同，公路网发展规模的表示方法也存在着差异。常用的表示方法采用公路网密度、公路网通达深度、公路网等级结构、出行距离以及出行时间等来表示。

公路网合理发展规模的确定方法主要有经济分析法、公路周转量分析法和时间序列趋势外推法。下面主要介绍基于经济分析法的几种具体计算方法。

1. 国土系数法

国土系数法是依据公路网长度与人口、区域面积的关系而确定公路网规模。

2. 弹性系数法

以公路网总里程的变化率和 GDP 的变化率之比作为公路网总里程对经济指标（人均 GDP）的弹性系数。

公路总里程与国民经济的弹性系数，反映了公路运输与国民经济的适应情况和相互关系。

3. 结构类比法

此法通过建立规划区与国内发达地区的类比关系来确定规划区远景公路网络密度规模。在规划区经济欠发达的情况下，将其一定时期规划目标定在国内发达地区的水平上；在规划经济发达地区公路网时，设定其目标相当于国外发达地区的水平。

4. 期望密度法

随着社会经济的发展，交通需求会不断增加。不同的经济发展阶段需要不同的公路网密度。

（五）市域路网的布局形态

市域路网布局的典型形式主要有三角形（星形）、棋盘形（网格形）、放射形（射线形）、并列形、树杈形、条形及扇形。

由于各个公路网中运输结点地理位置不同，影响公路走向的因素众多，因此公路网布局的形式不可能千篇一律。一般来说，在平原和微丘地区，公路网布局形式中的三角形（星形）、棋盘形（格网形）和放射形（射线形）较为普遍；而重丘区和山区，由于受到山脉和河川的限制，公路网布局往往形成并列形、树杈形或条形；当区域内的主要运输点（省、市或县的行政机关所在地等）偏于区域边缘时，有可能产生扇形或树杈形路网；条形有可能在狭长的山谷地带出现。

在一些实际的案例中，各种布局形式往往又相互组合而形成混合型。如果条件许可，为了满足公路网能够四通八达和达到效益最佳的要求，通常区域公路网宜成环状，满足通达性的要求。

二、城市结点路网规划

城市结点路网的研究主要包括城市结点类型、规模、形态特征的分析，不同城市结点的公路在城市中的布置和过境方式等内容。

（一）城市结点的分类

城市规模与路网结点形态、过境方式有着密切的关系。城市结点的分类可按城市规模分为：特大城市和大城市路网结点、中等城市路网结点、小城市路网结点三种类型。按照城市形态及路网形态分类可分为块状、带状、组合型三种类型。

1. 按规模分类

特大城市和大城市路网结点对外交通十分复杂，过境公路经过城市的形式往往是几种形式的结合，如环形加切线式、环线加放射等。对于团块状空间形态的大城市，较理想的是采用几条干线公路在城市外围形成环形或半环绕越，避免过境交通对城市内部交通的干扰。组团式空间布局的城市可采用穿越组团式的过境方式，应避免从组团中心区穿过。中等城市路网结点，城市与郊区、乡镇间的联系非常密切，交通流量较大。城市规模扩大后，过境线路宜在路网结点处设置绕行线，避开对城市交通的影响，城市与外围组团间可采用穿越式。小城市路网结点多为通过式结点，结点线路条数较少，交通量中过境交通较大。此类结点上的公路沿线容易街道化，带动周边土地的开发利用，宜采用切线式，由城市联络性道路与高等级公路相连，与城市间的间隔应充分考虑城市空间发展上要求，预留未来发展用地。

2. 按形态分类

按城市结点形态分类可分为块状、带状和混合型的城市空间形态。块状城市结点有两种类型即块状集中型和块状组团型。带状城市结点有带状集中型和带状组团型。混合型路网结点是多种复杂结构组合而成的一些特殊结点。

3. 按重要度分类

特重要城市路网结点多为重要的枢纽城市，拥有多条通道性高等级公路，并同时拥有铁路、机场和港口等重要设施，宜采取环形绕行方式模式。这类城市的规模、机动车辆保有量、进出城交通量较大，出口道路交通组织较为复杂，易发生交通拥堵。外围郊区城市化速度较快，郊区与主城间的交通联系强度大，宜采用绕越和外环分层次地疏解过境交通与内部交通的循环。重要城市路网结点具有较为显著的地理区位和交通区位条件，需承接上层结点交通的中转和组织，同时也需提升自身的交通吸引集聚能力。普通城市路网结点和一般城市结点多为通过性结点，在依托干线公路发展的同时，应充分考虑城市自身的发展要求，留出充足的发展用地，避免城市发展的障碍。

（二）城市结点的形态

不同城市结点的空间结构对应着不同的路网布局形态。中心城市在空间形态上一般呈现集中型与群组型两大类。

1. 集中型

集中型是城市布局形态中最常见的基本模式。此类城市空间形态下，对外路网布局多以“中心点加放射线”为主。城市发展延伸轴的不同，可以细分为单核点状、线形带状、星状放射型。此类城市结点的形态和路网特征如表 4-2、表 4-3 所示。

表 4-2　集中型城市结点形态

典型形态	城市用地聚散程度	伸展轴特征	几何特征
块状	单块城市用地，紧凑度较高	伸展轴短，与城市半径的比值小于 1.0	通常为规整紧凑的团块状
带状	单块城市用地，紧凑度较小	有两个不同方向的超长轴，与城市半径比值大于 1.6	狭长的长条形状
星状（放射状）	单块城市用地，紧凑度居中	有 3 个或 3 个以上的超长伸展轴	放射型

表 4-3　集中型城市结点路网特征

名称	结点路网特征
单核点状	单核点状结构是城市空间结构的基本形式，该类型城市面临中心城区向心增长压力过大、对外道路负担过重，同心圆状增长和扩张，可能形成“摊大饼”式的城市形态。结点路网多以“中心点+放射线”方式布局。
线型带状结构	线型带状分散了单核结构的向心强度，对外交通在方向上具有较好的均衡性。线型带状城市结点的路网特征上表现为“条形状”。
星状放射型结构	星状放射型的城市结点对外路网沿城镇发展方向延伸，形成放射状交通走廊，在中心城区外围形成不规则的环形结构。

2. 群组型

群组型的城市空间形态是分块布置城市功能区，形成功能上相对独立的多个组团。由于城市组团间发展的不平衡性，交通流具有明显的潮汐现象。根据城市用地分块数量的多少及其组团空间布局的不同，可将群组型城市结点分为双城组团、带状组团和块状组团三种形态，如表 4-4 所示。

表 4-4　群组型城市结点特征

典型形态	城市用地聚散程度	伸展轴特征	几何特征
双城组团	2 块分离的城市用地	沿 1 条主要发展轴发展	两个分离组团串联形成
带状组团	3 块以上的城市用地	沿 1 条主要发展轴发展	若干分离的组团沿直线或曲线呈带状分布
块状组团	3 块以上的城市用地	由主要伸展轴和次伸展轴构成网络	在一个区域中围绕中心组团分布

不同的组团空间形态的城市具有不同的结点路网布局及交通运行特征，群组型城市结点的路网布局特征如表 4-5 所示。

表 4-5　群组型城市结点路网特征

名称	结点路网特征
双城组团	两组团发展轴方向一般是区域交通走廊的主要方向。组团对外交通相对独立，构成双通道式对外交通路网。组团间通过快速路实现有效连接。
带状组团	多中心组团形成带状后，一般组团间联系方向即为交通走廊方向，路网以交通走廊方向为主。
块状组团	块状组团一般适用于特大城市，交通走廊方向不唯一，路网呈放射状。

（三）结点过境方式

城市结点路网过境方式可分为切线式、环形绕越式、穿越式三种主要类型。结点过境方式与城市规模、城市空间形态、地理空间特征如水系、山体等自然屏障等因素有关。一般情况下，绕越式路网结点其尖角向外，结点重要度较高，适用于特大型和大型城市。切线式和穿越式路网结点线路顺直，结点重要度一般，适用于中小城市和一般城镇。

切线式过境是城市结点发展初期的主要过境方式。切线式过境一般从城镇边缘经过，客货运输量不大，结点过境公路条数较为简单，适用于大多数中心城镇结点。城镇规模扩展后，切线式过境段逐渐被城市化街道化。切线共用段上的过境交通与城市交通交织，交通负荷较其他路段大。如切线设置离城镇距离较远，应设置多条城镇至切线的联络线。

环形绕越过境方式适用多条高等级公路交汇的特大型和大型城市。为避免过境交通对城市内部交通的影响，多条线路过境可形成环形绕越的方式。过境交通在环线上进行中转、衔接，城市对外交通向环线方向开口，解决较大流量下对外交通的瓶颈问题。

环线绕越式随着大城市路网结点复杂程度的增强，衍生出了“多层同心环形+放射线”和“双心环”等形态模式。“多层同心环形+放射线”是在城市外围新建高速公路过境交通绕越外环，形成多层同心过境环。城市环路数量的增加和外移，内部环路对于过境交通组织的能力下降，对外围周边地区的出行服务和经济带动作用增强。“双心环”是伴随城市新中心的出现或城市地理条件的限制而产生，分散了单中心环线的交通压力。

穿越式过境方式可实现区域交通与城市交通间的快速便捷转换。过境交通与城市内部交通的交叉较多，进出城交通量较大时易造成城市内部交通的干扰。一定程度上穿越城区的交通会对城市环境会造成负面影响。此种穿越模式适用于城市密度较低，出入交通量不大的城市结点。

三、城市对外出入口道路规划

城市对外出入口道路规划着重研究城市内部路网与区域过境路网的相互衔接问题。在交通组织层面，应注重引导对外出入口道路的分散化、均衡化分布。在路网衔接结构层面，应注重区域路网与城市道路间衔接的合理级配问题。

（一）城市对外出入口道路的功能衔接

城市出入口道路规划是城市对外交通规划的重要内容。在功能上，出入口道路承担着过境公路与城市内部路网间的衔接任务。过境公路通常按通道的类型可分为快速过境道路和一般过境道路，城市道路按交通性质可分为交通性和生活性两大类。过境公路与城市路网的衔接应主要从功能上去考虑，分析交通性和快速性、可达性与生活性两类不同的需求及交通特征，配置两类主要的衔接道路类型，即快速连接线和一般连接线。对外交通出入口道路衔接功能详见表 4-6。

表 4-6　对外交通出入口道路衔接功能

分类		建设标准	功能	服务特性	管理主体	备注
过境公路	快速过境道路	高速公路	连接区域重要城市，服务于区域重要活动中心，拥有最大的交通量和最长的出行，主要服务过境交通和城市结点对外长距离出行。	快速性 通畅性	交通部门	出入口受到严格的控制
	一般过境道路	二级以上公路	连接城市结点辐射范围内的重要城市结点（或乡镇结点），服务于中长距离的交通出行。服务于区域城市体系的发展，加强核心城市对于周边地区的辐射带动作用。	便捷性	交通部门	
衔接道路	快速连接线	快速路	连接各条快速过境公路，将各方向快速过境交通流整合到一条路径上，快速绕越城市结点。	通畅性	建设部门	限制接入
	一般连接线	主干路	连接一般过境公路和城市道路。	通畅性 便捷性	建设部门	
内部道路	交通性道路	快速路或主干路	满足交通运输为主要功能，承担城市结点内主要的交通流量，并连接对外交通枢纽。	通畅性	建设部门	
	生活性道路	次干路或支路	满足生活性交通要求为主要功能的道路，主要为居民购物、社交、休憩等活动服务。	便捷性	建设部门	

（二）城市对外出入口道路的级配衔接

区域过境道路与城市道路的衔接目标应保证城市对外交通的畅达，避免出入城交通常发性的拥挤现象发生。除了从功能层次上分析道路的衔接外，还需分析道路设施级配的衔接要求。不同等级道路的交通运行特性各有差异，快速道路交通特性上表现为连续流，一般道路上表现为间断流。道路级配关系是影响整个城市交通状况的重要方面。城市对外出入口道路中与区域性道路直接相连的应以城市快速路和城市主干道为主。

城市快速路是对外交通的骨架层通道设施，承担对外交通、跨区交通的快速连接功能。城市快速路通常采用高架、隧道等封闭式的形式，严格控制出入口，达到快速、连续的交通流。主要衔接对象上，快速路一般直接衔接城区与重要机场、高速公路出入口、港口等重要设施。城市内部道路衔接上，快速路一般与主干路、次干路等交通性较强的道路直接连接。

城市主干道是城市道路中的主要路网，线路密度较城市快速路高、覆盖面较广。主干道延伸至城市边缘时与一般性过境道路相衔接。城市主干道也可与高速公路出入口直接衔接。在中心城区内主干道一般与次干道、支路相衔接，缓冲和集散出入城的交通。

城市次干道与对外道路衔接的情况较少，不建议与高等级的对外道路相衔接。对于城市结点与城市道路之间的衔接配置，给出相应的接入建议如表 4-7 所示。

表 4-7　城市结点各类道路之间衔接建议

道路类型	快速路	主干道	次干道	支路
高速公路	○	◇	△	△
干线公路	◇	○	◇	△
备注	○适宜连接　◇可以连接　△不宜连接			

（三）出入口道路横断面的要求

出入口衔接道路由城市快速路和主干路承担，在远城端，城市出入口道路兼具公路和城市道路的双重功能，其横断面和道路红线宽度的确定必须考虑到城市用地远期发展的需求和对外交通的要求。

近城端：由于道路两侧的土地利用和交通流结构和城市建成区相似。

远城端：由于道路基本上全部都为机动车车道，较少考虑非机动车和行人的出行需求。作为远期建成区规划区域内的道路，应通过严格控制红线两侧的用地或者采取建筑物退让的方式进行用地开发，退让距离视具体情况而定。道路横断面型式上，公路性质的道路一般为双幅路，不设置人行道和非机动车道。由于在城市远郊区道路规划设计上国家并未出台相应的规范和文件，对于这种类型的道路应该根据实际情况，因地制宜，不可照搬城市道路或公路的设计标准。

建议在城市道路和公路的衔接与过渡过程中，道路断面设计应当坚持三个方面的原则。

第一，鉴于城市化的快速进程和部分城市规模的跨越式发展，在城市出入口道路断面型式的选取中应该考虑到未来该地区非机动车与行人的交通需求；

第二，为了保障交通安全和车流的正常运行，出入口道路的机动车车行道数应坚持与公路和城市道路的机动车车道数相匹配的原则；

第三，公路与城市道路断面型式的改变不宜在桥梁、转弯处突变，建议在交叉口处过渡转变断面形式；如没有，也可在远离城市的开阔地带路段处通过缓和曲线来实现断面的过渡与转换。

城市道路的横断面通常用幅式表示，城市道路的横断面形式主要有单幅式、双幅式、三幅式和四幅式四种。公路中除了作为汽车专用公路的高速公路和一级公路有分隔带，可以对应到城市道路的两幅路之外，其余公路均为单幅路。根据城市道路、公路的交通量、交通组成、实际行车速度等相关因素，建议城市出入口道路横断面形式如表 4-8 所示。

表 4-8 三种道路的横断面形式

道路横断面形式	城市出入口道路	公路横断面形式
一幅式	一幅式	一幅式
	一幅式过渡到二幅式	二幅式
二幅式	二幅式或三幅式过渡到一幅式	一幅式
	二幅式或三幅式过渡到二幅式	二幅式
三幅式	三幅式过渡到一幅式	一幅式
	三幅式过渡到二幅式	二幅式
四幅式	四幅式或三幅式过渡到一幅式	一幅式
	四幅式或三幅式过渡到二幅式	二幅式

第二节 对外客运枢纽规划

一、城市对外客运枢纽体系

（一）城市对外客运枢纽体系的构成

城市对外客运枢纽涉及城市对外交通系统和城市内部交通系统，是以公路和铁路为代表的城市对外交通结点和以城市轨道、公交等城市内部交通结点之间有效衔接的场所。城市内各个对外客运枢纽应合理分工，相互协作，共同构筑高效、便捷的城市对外客运枢纽系统。

（二）城市对外客运枢纽的分类和分级

城市对外客运枢纽的分类定级是对城市对外客运枢纽体系的整体梳理，对指导城市内枢纽站场的规划、枢纽功能的合理分工和优化设计均具有重要的意义。

1. 对外客运枢纽的分类

城市对外客运枢纽分类可按交通方式类型、枢纽功能、客流性质、服务腹地等进行划分，如表 4-9 所示。

表 4-9 对外客运枢纽的分类

	名称	说明
按交通方式	铁路主导型	市际铁路客运站与市内其他客运方式的衔接换乘枢纽，主要服务于铁路旅客换乘各种市内客运方式。
	公路主导型	公路长途客运站与市内其他客运方式的衔接换乘枢纽，主要服务于公路长途客运旅客换乘各种市内客运方式。
	综合型	主要铁路、公路联合形成的综合型客运枢纽。
按枢纽功能	中转换乘型	以承担各客运方式间的中转换乘客流为主，区域性集散型客流较小，如靠近市郊的铁路客运枢纽和长途客运枢纽。
	集散型	以承担枢纽所在区域的集散型客流为主，而中转换乘客流较小，如位于卫星城、市郊新城、大型开发区及居住区的铁路客运枢纽和长途汽车客运枢纽等。
	混合型	既有大量中转换乘客流又有大量区域集散型客流的对外客运枢纽，如靠近城市中心区、副中心区、CBD 地区的铁路客运枢纽大部分属于该类枢纽。
按服务腹地	区域级	依托高速铁路客运站而形成，对外实现国家层面跨区域人员的高速联系，对内有广大的吸引和辐射范围，往往不局限于枢纽所在城市范围。
	市级	依托大型城际铁路客运站、大型普速铁路客运站及大型公路客运站而形成，对外主要实现城市群、城市带、都市圈内高强度的人员联系，对内主要服务枢纽所在城市的对外客流。
	组团级	依托小型铁路客运站、公路客运站而形成，对外主要实现城市次要方向或者片区组团的对外联系，对内主要服务枢纽所在城市或者片区组团内的对外客流。
按客流性质	国际客运枢纽	依托国际航空网络及省会城市、国际都市，区域范围内的国际客流集散中心，支撑国际性都市的发展。
	国内中长途客运枢纽	依托中心城市和国家干线铁路、高速公路网络，是中心城市国内中长途客流的集散中心。
	中短途城际客运枢纽	依托各类城市和主要城镇，满足城际客流的集散、转换。

2. 客运枢纽的规模定级

公路客运站场方面，根据我国交通行业标准可将公路客运站分为五个级别和简易站。表 4-10 列出了二级以上公路客运站的分级标准。

表 4-10　二级以上公路客运站分级标准

等级	年平均日旅客发送量	其他条件
一级车站	8000 人次以上	①位于国家级旅游区或一类边境口岸，日发量在 3000 人次以上的车站； ②位于省级旅游区或二类边境口岸，日发量在 5000 人次以上的车站。
二级车站	3000~8000	①位于国家级旅游区或一类边境口岸，日发量在 1500 人次以上的车站； ②位于省级旅游区或二类边境口岸，日发量在 2000 人次以上的车站。

铁路客运枢纽方面，依据铁路客货运量和技术作业量大小，以及在政治、经济上和铁路运输网络上的地位，对铁路站进行等级划分。按照车站的地位、作用、办理运输业务和作业量等综合指标将铁路站分成六级：特等站、一等站、二等站、三等站、四等站、五等站。表 4-11 为二等及以上铁路客运站分级标准。

表 4-11　二等及以上铁路客运站分级标准

等级	日均上下车及换乘旅客	中转行包
特等站	6 万人以上	2 万件以上
一等站	1.5 万人以上	1500 件以上
二等站	5000 人以上	500 件以上

综合客运枢纽方面，依据客运量规模和枢纽类型，可分为特大型枢纽、大型枢纽、中型枢纽和小型枢纽。联合枢纽和单一主导方式枢纽对客运量划分标准有所差别，如表 4-12 所示。

表 4-12　对外客运枢纽规模定级　　单位：万人次

枢纽类型	联合枢纽			单一主导方式枢纽		
	（同时具备下列 2 项）			铁路主导型	航空主导型	公路主导型
	铁路	航空	公路	日发送量	年发送量	日发送量
	日发送量	年发送量	日发送量			
特大型	>5	>375	>2	>10	>750	-
大型	3~5	200~375	1~2	4~10	400~750	-
中型	1.5~3	75~200	0.5~1	1.5~4	150~400	3
小型				<1.5	<150	1~3

注：上述发送量均指站场设计发送量。

（三）城市对外客运枢纽的发展趋势

区域交通运输系统中综合运输体系的不断完善，枢纽设施也向规模化、多功能化的趋势发展。城市对外客运枢纽的功能定位、系统构成、组织方式、服务水平等呈现出以下的发展趋势。

功能定位的转变。随着铁路网络化、城际化（站点密集化）、高速化的发展，在沿海经济发达地区特别是长三角、珠三角、环渤海三大城市群内部，铁路客运的城际功能将会显著增强。

系统构成的转变。随着铁路网络的快速发展和综合运输体系的发展，未来铁路和公路客运间的竞争部分将逐步转变为优势互补和相互合作。城市对外主要客流走廊、中长途客运将以铁路客运为主，公路客运将主要服务次级客流走廊及中短途客运。枢纽设施方面，在城市对外客运枢纽布局调整中，铁路客运站与公路客运站不断向综合型的对外客运枢纽趋势发展，公路、铁路设施在空间上、功能上、设施上实现有机衔接。

组织形式的转变。在大部制改革、城乡公交一体化的背景下，公路客运公交化趋势日趋明显，城际便捷化巴士、城际快速公交应运而生，并将成为未来公路客运重要的方式之一，同时未来区域城市化将催生公交化运营的区域城际铁路、都市圈、都市区通勤铁路客运等。

枢纽规划理念上，突出显现出“枢纽整合、枢纽锚固、枢纽引导”等新的思路。

枢纽整合，包含两层含义：其一，加强对外客运枢纽体系之间的功能整合，主要是指要利用当前铁路客运站规划建设和公路客运调整优化的机遇，加强两者之间的设施整合与功能协调。其二，加强区域对外客运枢纽与城市客运枢纽的整合，主要是指要依托对外客运枢纽，加强与城市轨道交通枢纽、公交枢纽、出租车、P+R 的整合，实现城市客运与对外客运的高效衔接以及城市内部客运之间的快速换乘。

枢纽锚固，主要是指对外客运枢纽的布局要起到锚固城市交通网络（包括道路网络、轨道网络、公交网络等）的作用，对于区域级的对外铁路客运枢纽还要能起到锚固区域交通网络（包括高速公路、干线公路、城际铁路、普速铁路、公路客运班线等）的作用。通过枢纽对交通网络特别是高快速道路、大中运量捷运网络的锚固，保障对外客运枢纽的快捷集疏运。

枢纽引导，是指对外客运枢纽特别是铁路综合客运枢纽的布局要能引导城市空间结构拓展和枢纽地区的用地开发。具体包含三层涵义，一是要以对外综合客运枢纽体系引导城市中心体系的构建；二是要以既有城市中心和对外综合客运枢纽为两极，以大中运量公交系统为纽带，引导城市轴向集聚发展；三是要利用对外综合客运枢纽的高强度客流和高可达性，对枢纽地区进行高密度开发。

二、公路客运枢纽规划

公路客运枢纽作为城市对外客运交通系统中的重要节点，具有联系城市对外交通和市内客运交通、公共交通与私人交通，以及在公共交通内部中转换乘的作用。功能定位方面，公路客运站场是城市形象的标识和窗口，是城市内外人流来往频繁的场所，与城市居民和外来客流的关系密切。布局规划方面，应以“方便人的出行”为首要目标，考虑城市主要人口分布区、公路客运车辆出入城交通组织等因素，合理确定站场数量及规模。站场布局选址方面，应与城市总体规划要求相符合，落实到详细性控制规划中。

（一）规划的基本原则

（1）最大限度地方便旅客到达与离开车站；（2）具有便捷快速的对外交通道路衔接条件；（3）与城市空间发展思路、城市总体规划、片区开发策略相协调；（4）建设应尽量减小拆迁量，降低建设成本；（5）用地充裕，有一定的扩大再生产能力；（6）与铁路、轨道交通、公交等客运方式有良好的衔接。

（二）枢纽规划的运量指标

运输量、组织量、适站量是客运枢纽规划的主要指标。客运量指标是编制枢纽规划的依据，也是分析组织量和适站量的前提。公路客运量应从综合运输的角度，在分析各种运输方式的现状、历史和未来趋势的基础上，综合分析社会经济等因素发展状况，采取定性和定量分析相结合的方法，匡算未来不同阶段客运量增长的比例及公路客运量所占比例，进而得出未来特征年的公路客运量。组织量是客运量中经过社会组织发生的部分，是城市客运组织水平的整体反映。其值通过公路客运量乘以组织率比例得到。我国一般城市目前组织率水平大约在25%~45%之间。适站量是指单位时间内由某一客运站发送的旅客人次，适站量是场站建设的重要依据。适站量预测过大，站场规模大，建成后实际客运量远小于设计发送量，企业效益差，投资回报周期长。反之，站场规模过小，则不能满足城市居民客运出行的需要。我国一般城市目前的适站量水平大约在30%~40%之间。

（三）枢纽布局的影响因素

公路客运站场布局涉及多方面的因素，主要包括下列因素：城市的空间布局、功能分区、人口分布、旅游资源分布；城市对外交通通道及主要出入口，其他运输方式客运站场布局，城市公交枢纽站场布局；主要客源点分布及集疏运需求，旅客流量流向特点；枢纽站场的用地条件、交通组织、集疏运条件、环保要求等。对各个影响因素详细的分析是枢纽初始方案生成的重要依据。

（四）公路客运枢纽布局模式

公路客运枢纽布局总体上是一种分散式的布局特性。根据城市规模、城市形态的不同，布局的基本模式主要有方向式、集中式、中心式和均衡式。

方向式。该模式是以城市出入口为对外客运枢纽布局的出发点，将客运枢纽设于城市出入口附近，尽可能避开在市区中心以及居民聚集区附近布设对外客运枢纽，这样就形成了分散在市区周围且可以控制城市主要出入口方向的方向式分散布局。把从属于同一方向的乘客都集中在相对应方向的站发车，其他方向的乘客则必须先乘市内交通工具转乘。如果市内公共交通不够发达，这部分旅客的出行就感到十分不便，人便于行的原则就不能得到很好的体现，这是方向式布局的局限性。该模式对于一般城市均适用。

中心式。在市区的客运集散中心设一个中心枢纽，另在城市主要出入口附近设若干配套枢纽，形成了一个中心枢纽与若干个配套枢纽向外辐射的布局。该模式适用于一些中小城市。

集中式。该模式将客运枢纽集中布局在城市中心地带，或者在市中心只设一个枢纽，将主要班线都集中到该枢纽发车，形成集中式布局。该模式适用于一些中小城市。

均衡式。该模式按照城市经济发展的需要，城市居民的分布特征，结合城市用地和城市交通情况，选择位置均衡地设置若干个客运枢纽。旅客可以根据其所处的地理位置和出行方向就近选址站点乘车。这种分布模式既体现了人便于行的原则，也符合客流分布的不均衡性原则，是一种相对分散的均衡式分布，提供了多方向运输服务的站点布局模式。此模式一般适合于大、中城市。

（五）公路客运枢纽选址模型

公路客运枢纽选址规划模型归纳起来主要有两类，即连续模型和离散模型。连续型选址模型是早期研究中提出的，模型相对较为简单，实用性不强；离散型选址模型是以总费用最小为目标函数建立的选址模型。

连续型选址模型主要有重心模型和微分模型两种具体方法。

重心法是一种模拟方法，它将运输系统中的交通发生点和吸引点看成是分布在某一平面范围内的物体系统，各点的交通发生、吸引量分别看成该点的重量，物体系统的重心就是枢纽设置的最佳点，用几何重心的方法来确定客运枢纽的最佳位置。

微分法需要以重心法的结果为初始解，不断迭代。直到前后两次迭代的解误差不超过设定范围，从而得到最佳结果。

离散型选址模型认为客运枢纽的备选点是有限的几个场所，只能按照预定的目标从中选取。如果基础数据完备，用该方法得到的结果比较符合实际，需要的基础资料较多、工作量较大。这类方法中有整数或混合整数规划法，反町氏法，Bawmol-Wolfe 法，逐次逼进模型法等。

三、铁路客运枢纽规划

（一）铁路在城市中的布置

铁路是城市对外交通的重要运输方式，城市的大宗物资运输、人们中长距离的出行都依赖于铁路运输。从运输特性上看，铁路是一种集约式的运输方式，其规模效益十分突出。由于铁路运输技术的复杂性及设施设备的专业性，铁路运输网络布设的灵活性欠缺。铁路线路对城市空间具有一定的分隔效应，给铁路沿线两侧的交通联系带来不便。如何既充分利用铁路运输效能的优势，同时尽量减少对城市的影响和干扰，这是规划中的一项复杂任务。

铁路线网在城市中的布局应与城市土地利用规划相协调，尽量不对城市内部空间造成影响。铁路的噪声、振动、空气污染严重，应尽量避开城市人口居住区、文教区、商业区等人口密集地区。货运站、编组站、工业站、维修站等设置在城市外围；线路选线应充分考虑城市地质、水文、地形等因素，尽量避开工程建设条件较差的地区，协调与城市道路交通和环境的关系，充分利用现有设备，节约投资和用地。同时应考虑城市未来的空间发展方向，铁路线路不应成为未来城市空间发展的制约。

铁路线路的布设还需考虑城市规划方面因素，应减少它们对城市内部的干扰，一般有下列几方面措施。

第一，铁路线路在城市中布置，应配合城市规划的功能分区，把铁路线路布置在各分区的边缘，使不妨碍各区内部的活动。当铁路在市区穿越时，可在铁路两侧地区内各配置独立完善的生活福利和文化设施，以尽量减少跨越铁路的频繁交通。

第二，通过城市的铁路线两侧应植树绿化。这样既可减少铁路对城市的噪音干扰、废气污染及保证行车的安全，还可以改善城市小气候与城市面貌。铁路两旁的树木，不宜植成密林，不宜太近路轨，与路轨保持一定的距离。

第三，妥善处理铁路线路与城市道路的矛盾。尽量减少铁路线路与城市道路的交叉，这在为创造迅速、安全的交通条件和经济上有着重要的作用。在进行城市规划与铁路选线时，要综合考虑铁路与城市道路网的关系，使它们密切配合。铁路与城市道路的交叉有平面交叉和立体交叉两种。

第四，减少过境列车车流对城市的干扰。主要是对货物运输量的分流。一般采取保留原有的铁路正线而在穿越市区正线的外围（一般在市区边缘或远离市区）修建迂回线、联络线的办法，以便使与城市无关的直通货流经城市外侧通过。

第五，改造市区原有的铁路线路。对城市与铁路运输相互有严重干扰而无法利用的铁路，必须根据具体情况进行适当的改造。如将市区内严重干扰的线路拆除、外迁或将通过线路、环线改造为尽端线路伸入市区等。

第六，将通过市中心区的铁路线路（包括客运站）建于地下或与地下铁道路网相结合。这是一种完全避免干扰又方便群众较理想的方式，也有利于战备。缺点是工程量较大，投资巨额。

在具体的线路选线中，除了满足线路布局的原则外，还应满足其定线的技术要求，做到运行距离短、运输成本低、建筑里程少和工程造价省。

1. 线路方案的技术经济比较

在确定线路经过城市的走向时，必须进行经济性的方案比较。一般在直通运量为主的线路上，线路方向应尽量顺直，以节约大量的运营费用。而在地方运量较大的线路上，则应使线路尽量靠近发生地方运量的城市，以充分发挥铁路运输的效能并减少地方短途运输量。

2. 进站线路布置的要求

旅客列车由各引入方向接到客运站，其主要运行方向的旅客列车有不变更运行方向通过枢纽的可能。选择干线在枢纽内接轨时，不宜离客运站过远，否则会使得客运列车迂回折角走行路线太长，造成旅费与时间的浪费。货运列车由各引入线路接到编组站，其主要车流方向要有顺直的路径通过枢纽，避免大量车流迂回折角运输。各引入线路间及枢纽内各有关车站间要有满足运营要求的通路，以便于枢纽内的小运转和车辆的取送作业。

3. 铁路专用线及其与站线的连接

铁路专用线担负了工业企业大量的货物运输任务。为了使运输与产、销环节密切衔接，专用线要伸入市区、工业区和仓库区的许多角落，所以对城市的影响很大，必须全面规划、合理组织，否则会带来很大干扰。专用线的分布主要决定于城市工业布局，为了充分发挥专用线的效能，减少对城市的干扰，节省铁路建筑投资，应结合城市工业布局统一规划、修建一些为厂矿共同使用的专用线。

铁路线路在城市中的选线必须综合考虑到铁路的技术标准、运输经济、城市布局、自然条件、航道、生态保护区以及国防等各方面的要求，因地制宜，制定具体方案。

（二）铁路客运站的布局

1. 布局原则

（1）与总体规划相协调，即符合城市发展方向，与用地布局、综合交通网络规划相协调。（2）超大城市、特大城市及大城市铁路枢纽布局需考虑采用分散模式，中小城市则可采用集中模式布局。（3）根据铁路功能定位和设站要求，差别化布局选址铁路客运站：高铁、国铁、客运专线站间距大，布局在城市组团间或城市建成区外围；城铁、都市圈轨道站间距相对较小，其站点可以视情况引入既有车站，新增车站可以布局于新城中心，引导用地开发。（4）同类铁路线路、站点集中布设，以减少铁路对城市的分隔，站点的布局应充分考虑利用既有设备，近远期结合，同时考虑相关拆迁费、土建工程投资、建设工期。

2. 布局规划

铁路客运站的数量和位置与城市的性质、规模、地形、城市空间布局、铁路线路方向等因素有关。铁路客运站在城市中的位置，一般小城市布设在城市边缘，大城市距市中心约 1~3km 为宜。应方便旅客的出行，靠近居住区，具有较好的交通出行方式和条件。场站布局应考虑未来城市发展的需要，同时周边应留有未来枢纽扩建改造的余地。

（1）边缘一站式

铁路线从城市侧面绕越经过，避开穿过城市中心，铁路客货枢纽集中于一个站并布设在城市边缘。此种布局模式适用于中小城市或铁路网络初始生成阶段的城市，铁路站周边地区是城市未来潜在发展区域。铁路站距城市中心不宜太远，应配置畅达的城市公共交通系统与铁路站相衔接。随着铁路站功能的提高，铁路对城市空间的吸引能力增强，将引导城市空间向铁路站方向发展。

（2）三角式

铁路线路由穿越式和绕越式共同构成，铁路枢纽呈三角式分布。穿越城市的铁路从城市内部经过，通常为城市原有铁路线，功能上逐渐演化为以客运为主，城市内的枢纽站适合满足城市内部居民便捷地出行。外围绕越的铁路一般为建设的新线，外围客运站往往结合新城开发而建设，形成大都市多中心组团式的发展格局。穿越加绕越是一些大中城市通常的布置形式，特别是新一轮铁路建设及城市空间拓展中，这种布置模式更适用。

（3）顺列式

顺列式的铁路枢纽布局多出现在带状组团式城市。铁路线路穿越城市内部，城市沿铁路线带状生长。此种布置形态适用于铁路依赖性很强的城市，城市功能与铁路有较强的相关性。铁路客运枢纽可在城市内部设立多个站，此种模式适用于一些沿铁路发展起来的城市。

（4）环形混合式

环形混合式一般是铁路在城市外围形成环线上布设的铁路枢纽。此种布置适用于铁路线路较为发达、城市空间框架比较明确的情况下。形成环线后，铁路对城市内部空间的负面影响较小，同时可沿环线在城市四周设站，城市内部到达枢纽的便捷度较高。环形绕越也多出现于首位度较高的枢纽城市，环状大小必须具有足够的规模，能满足线路转弯半径的要求。

四、机场规划

（一）机场选址原则

机场规划包含若干个方面，布局选址规划是机场规划首先需要考虑。机场的布局选址是一项技术要求较高的工作。涉及地形、地貌、工程地质、水文地质状况（含地震情况）、净空条件、场址的障碍物环境和空域条件对飞行的限制（起飞和着陆的限制）及电磁环境、气象条件等，尤其是飞机噪声对机场建设及周边环境的影响、土地状况、地价及拆迁情况。

机场布局选址需要遵循下列原则。

（1）符合民用机场总体布局规划；（2）机场净空符合有关技术标准，空域条件能够满足机场安全运行要求；（3）场地能够满足机场近期建设和远期发展的需要；（4）地质状况清楚、稳定，地形、地貌较简单；（5）尽可能减少工程量，节省投资；（6）经协调，能够解决与邻近机场运行的矛盾；（7）供油设施具备建设条件；（8）供电、供水、供气、通信、道路、排水等公用设施具备建设条件，经济合理；（9）占用良田耕地少，拆迁量较小；（10）与城市距离适中，机场运行和发展与城市规划协调。

在对外交通规划中，无法做到机场专项规划的要求。在未建设机场的城市，可根据城市发展的需求，提出未来城市机场建议性的概念布局选址方案。

机场规划的另外几个方面还有机场航线规划和机场航站区规划。上述两个方面不在对外交通规划的范畴内，因此本书中不做详细分析。在对外交通规划中应着重分析机场交通集疏运设施的规划。

（二）机场集疏运规划

机场集疏运网络主要包括公共交通集疏运网络和道路集疏运网络。

1. 公共交通集疏运网络规划

机场对外客运枢纽的公共交通集疏运网络主要包括城市轨道交通、区域轨道交通、机场巴士线路等几类方式。

根据机场的客流规模、交通区位以及服务腹地的差异，公共交通网络的体系构成也有所不同，主要有以下 3 种模式。

机场巴士线路的模式。通常机场与所在城市的机场巴士线路较多，并且与城市主要交通枢纽相衔接。机场巴士线路会沿城市主要人口集中区布设，起始站点覆盖铁路客运站、公路客运站及城市公交枢纽站。一般城市中，机场巴士是主要的公共交通集疏运方式。至于机场与周边城市而言，机场巴士线路往往与该城市的城市候机楼相衔接。在缺乏轨道交通与机场衔接的情况下，机场巴士和城市候机楼是大部分机场的公共交通集疏运采用的模式，如现状的南京禄口机场、成都双流机场、无锡硕放机场等等。

城市轨道交通+机场巴士线路的模式。在这种模式下，城市轨道交通作为机场与所在城市的主要公共交通集疏运方式，机场巴士线路作为重要补充。就轨道交通衔接城市与机场状况而言，主要有两类情况：其一，通过城市轨道交通串联各城市对外交通枢纽与空港；其二，通过机场轨道快线连接机场与某一对外交通枢纽（常常是铁路客运站），而其他对外交通枢纽、城市其他地区均通过该铁路客运枢纽与机场相连。这种模式下区域航空客流与城市通勤客流相互影响，增加乘客到达机场的时间并造成换乘不便。如现状的上海的浦东机场，主要依靠轨道 2 号线和磁浮实现与市区的快速轨道联系。

区域轨道交通+城市轨道交通+机场巴士线路的模式。这种模式的大型机场往往处于一条或几条区域交通走廊的交汇处，如区域轨道交通网络经过机场并设立车站，区域航空客流不需经过城市内部中转即可实现空铁联运，使空港真正成为区域性的交通枢纽。这种模式是当前大型机场的发展趋势，形成条件是机场所处的位置需具有区域轨道交通线路（包括高速铁路或者城际轨道等），如上海虹桥机场、巴黎戴高乐机场、德国法兰克福机场等。

2. 道路集疏运道路网络规划

机场道路集疏运道路网络包括高速公路、城市快速道路等。

从通道数量和规模角度来看，由于机场所在城市往往是机场客流的主要来源，客流量较大且需要具有较好的可靠性。机场与所在城市的快速联系通道一般有2条以上，而周边城市往往也有1~2条快速道路连接至机场。

根据机场距离服务城市的空间距离以及客运联系强度情况，机场集疏运道路网络的布局模式主要有以下2种模式。

建设专用的机场高速公路模式。一般是指从城市主要对外出入口道路或者主要对外交通枢纽处（如铁路客运站）开始建设到机场的专用高速公路。这种模式适用于城市与机场间的交通量较大，采用专路专用，能确保往返机场与城市的交通流不受影响，如成都双流机场、首都国际机场等。

通过机场快速联络线接入区域高速公路的模式。一般是指机场至城市的高速公路除了服务机场的集疏运交通外，还承担了其他区域交通的功能。这种模式能更加充分的发挥高速公路的复合型通道的功能，但是如果交通量过大，则会造成区域交通与机场的集疏运交通相互影响，特别是可能降低机场集疏运交通的服务水平。

五、客运枢纽方案的评价

（一）评价的基本原则

1. 整体完备性原则

评价指标体系作为一个有机整体，应该能从不同侧面反映客运枢纽的特征和性能，同时还要反映系统的动态变化。

2. 客观性原则

评价指标是评价结果客观准确的根本保证，应该重视保证评价指标体系的客观公正，同时要保证数据来源的可靠性、准确性和评估方法的科学性。

3. 实用性原则

评价指标体系的建立是为进行综合评价服务，在实际的运用中才能体现其价值，因此每一个指标都应该具有可操作性，整个评价指标体系应该简明，易于操作，具有实际应用功能。

4. 科学性原则

指标体系应建立在科学的基础上，即指标的选择与指标权重的确定、数据的选取、计算与合成必须以公认的科学理论（统计理论、系统理论、管理与决策科学理论等）为依据，要能够反映城市交通可持续发展的涵义和目标的实现程度。

（二）评价指标的分类

客运枢纽的评价可从社会、经济、交通、环境四个方面选取相应的评价指标。

1. 交通功能指标

主要从客运枢纽的交通组织方面、功能的齐备方面、功能设计的合理性方面、功能设计的可持续性方面选取指标，评价枢纽的使用情况。

2. 社会功能指标

分别从客运枢纽的规模适应性、与城市发展的适应性、对城市景观的影响以及客运枢纽建设的集合开发与信息整合情况等方面评价客运枢纽建设对城市和人们生活带来的影响。

3. 外部经济指标

分别从枢纽投资者内部收益和国民经济的外部收益两个方面考虑社会经济与客运枢纽的协调性。客运枢纽的建设与使用有公益性质，评价时应以国民经济的外部收益为主。

4. 环境指标

客运枢纽系统对城市环境的影响包括对自然环境、生态环境和社会环境的影响，其内容主要包括大气污染、噪声、城市绿化率以及社区环境等的影响。运用大气污染物和噪声的预测模型，计算出污染物的排放量和浓度，分析变化趋势；分析噪声值在枢纽周边地区的分布状况，评价噪声对城市居民的影响程度；通过对枢纽地区的居民调查反映枢纽的建设对枢纽周围社区的社会环境影响程度。

（三）评价指标的量化

根据客运枢纽的功能定位、发展战略研究以及布局规划的影响因素分析，分别以客运枢纽布局的适应性、可达性、协调性、经济性、社会性为评价准则，并遵循评价指标体系建立和筛选的原则选择评价指标。

（四）评价方法

枢纽评价方法贯穿于客运枢纽规划的整个过程，候选方案的比选实际上就是对枢纽综合评价的过程，因此枢纽评价方法可应用在评价候选方案下的布局方法中。

评价是决策分析中的重要工具，决策中需从候选枢纽站址中利用评价的方法分析研究最佳的布局方案。常用的定量评价分析方法有模糊综合评价法、层次分析法（AHP）、数据包络分析方法、加权向量和欧氏范数法、灰色关联系数法、基于遗传算法的方法等方法。以下对数据包络分析法、层次分析法和模糊综合评价法进行比较，如表4-13。

表4-13　常用评价方法优缺点比较

方法	优点	缺点	适用范围
数据包络分析法	无须设置权重，无须对指标值无量纲化处理	对数据很敏感，实际应用时局限较大，数据统计的较小误差就可能造成较大差异的结果	指标的初始数据较精确的情况
层次分析法	处理复杂的决策问题较为实用有效	不适用于候选评价方案数过多的情况	适用于评价方案有限的情况下
模糊综合评价法	对多因素进行全面评价的决策十分有效	权重确定时主观性较大	适用于大量指标难以定量化的情况

1. 数据包络分析法

数据包络分析法（Data Envelopment Analysis，DEA）分析，对同一类型各决策单元（DMU）的相对有效性进行评定、排序，可利用DEA“投影原理”进一步分析各决策单元非DEA有效的原因及其改进方向，为决策者提供重要的管理决策依据。

2. 层次分析法（AHP）

层次分析法（Analytic Hierarchy Process）是应用数学运筹的基础上对指标进行量化，将影响枢纽布局中的一些定量与定性相混杂的复杂决策问题综合为统一整体后，进行综合分析评价。其分析过程包含“分解—判断—综合”。

3. 模糊综合评价法

模糊综合评价方法又叫模糊决策法（Fuzzy Decision Making），它是应用模糊关系合成的原理，从多个因素对被候选枢纽方案进行综合判断的一种方法。模糊综合评判决策是对多种因素影响的枢纽方案作出全面评价的一种十分有效的多因素决策方法，对于项目综合评价中大量指标难以定量化的情况，该方法较适用。

客运枢纽评价方法及指标选取应根据具体情况，在比较方法优缺点的基础上，选择合适的评价方法对方案作出科学合理的决策。

第五章　城市公共交通管理

第一节　城市公共交通服务管理

一、城市公共交通从业人员的素质

（一）强烈的服务意识

1. 塑造企业形象的意识

对于城市公共交通企业来讲，塑造企业形象、建立品牌信誉是一项全方位的工作，要让全体职工自觉地意识到企业组织是作为整体出现在社会上的，每个职工在管理和服务中都不同程度地代表着组织，每个职工自身形象的好坏或多或少地影响着组织的形象。所以城市公共交通从业人员要树立起自身与组织休戚相关、荣辱与共的意识。

树立形象、建立信誉是城市公共交通企业的一项战略性的目标，是公共交通企业长期的任务。企业良好的形象建立后，仍有不断更新的问题。随着社会经济、文化和政治的发展，乘客素质、价值观和需求也会发生相应的变化，这就要求公共交通从业人员树立起不断完善企业形象的意识，并付之行动。

2. 热情为乘客服务的意识

乘客出行，无论乘什么车都想在乘车过程中有舒适、洁净的车厢环境和一种宽松、和谐的乘车气氛。这种意念既反映了人的本能即生理上的需要，同时也反映出人的心理即精神上的需要。作为城市公共交通企业，有义务也有责任为广大乘客提供一个完美、舒适的硬件环境（包括车型、车况、车厢内的设施等）；但更为重要的是，城市公共交通从业人员应该牢固树立主动、热情为乘客服务的意识，在现有的物质条件下，尽可能地为乘客营造一种洁净、温馨、宽松、和谐的车厢气氛以弥补硬件的不足，想方设法满足乘客的生理、心理需求，使乘客高兴而来，满意而归。

3. 沟通交流的意识

车厢虽然空间有限，但常常人员密集，构成复杂，是一个充满矛盾的小社会。工作的劳累、精神的压力，会使一些乘客稍不顺心就会把怒气发泄到乘务员、驾驶员或其他公共交通从业人员身上。由于双方无所顾忌，难免言辞激烈，从而极大地伤害双方的感情，影响其他乘客的乘车情绪，破坏良好的乘车秩序。因此，乘务员以及其他公共交通从业人员要培养自己的沟通交流意识，注重运用语言艺术来感化乘客的心灵，增进双方之间的理解和信任，防止和减少无谓的摩擦和矛盾，促使广大乘客文明乘车。

（二）良好的心理素质

1. 自信的心理

自信是人们发展自己、成就事业的原动力之一，一个人具备了自信心才会正视自己，并激发出旺盛的工作热情和极大的毅力。公共交通从业人员应具备处变不惊、临危不乱的气度，而要做到这一点，就必须具有强烈的自信心。行车过程中遇到突发事件，缺乏自信就会手足无措，不能很好地把握转机；而充满自信的公共交通从业人员则会以稳健的姿态、灵敏的反应以及经验和智慧，转危为安。

2. 热情的心理

城市公共交通行业是服务性行业，它要求公共交通从业人员对服务工作有极大的热情，全身心地投入，以饱满的情绪和从容不迫的态度克服困难，认真做好服务工作。热情的心理能使公共交通从业人员工作时充满激情，充满想象力，成为车厢内的“光明使者”。

3. 开放的心理

开放心理的表现是善于接受新鲜事物，善于学习他人的长处，不因循守旧，不墨守成规。能宽容接受各种各样的与自己性格、志趣不同的人，善于与各种类型的人打交道。能冷静对待和处理工作中所遇到的困难、挫折，不会斤斤计较一时一事的得失。

（三）高尚的职业道德

城市公共交通从业人员的工作时间长，服务对象形形色色，意外情况经常发生。这些公共交通行业的职业特点，要求城市公共交通从业人员应具有吃苦耐劳、勤奋努力的工作态度，摆正服务主体与服务对象之间的关系，以自责、自律的精神，主动检点自己的言行，不断改善自己的工作，赢得乘客的信赖。城市公共交通从业人员还应具有真诚可信、踏实进取的工作精神，不应付、不推诿，勇于承担责任。公共交通从业人员还必须树立善解人意、乐于助人的高尚职业道德，从职业道德出发，去关心乘客、热爱乘客，并以自己的优质服务取信于乘客，与乘客建立新型的人际关系。

（四）合理的知识结构

1. 乘客心理学知识

“服务为本、乘客至上”是城市公共交通行业的服务宗旨，而体现这个服务宗旨的重要内容之一是善解人意，主动周到地为乘客服务，服务在乘客开口之前。如果不研究乘客的心理，不了解乘客的心理，也能为乘客服务，但只是被动服务。一般来说，被动服务不能称为优质服务。服务者只有掌握了乘客的心理及心理活动规律，才能在乘客的一个眼神、一个动作、一句话中体察到乘客的种种需求，争取主动，才能“急乘客所急，想乘客所想”。

2. 交通法规知识

安全是城市公共交通行业优质服务的最重要的指标，驾驶员要时刻牢记安全行车。乘务员也有责任和义务积极配合驾驶员认真做好行车安全工作，避免乘客的财产和生命受到意外损失。要做好行车安全工作，驾驶员、乘务员以及其他公共交通从业人员都必须了解“交通法”和行车注意事项，并严格遵守、不折不扣地履行交通规则。

3. 其他知识

为了热情解答乘客的询问，及时处理好车厢内外发生的各种突发事件，公共交通从业人员还必须熟悉城市交通地理，了解法律常识，明确城市公共交通相应的规章制度，具备一定外语、方言和哑语等会话能力，这些都是平凡岗位做出不平凡业绩的前提。

（五）一定的工作能力

1. 表达沟通能力

表达沟通能力是城市公共交通从业人员在管理和服务中必须具备的工作能力之一，主要包括文字表达能力、口头表达能力、协调沟通能力等。文字表达能力要求公共交通从业人员掌握各类应用文体的格式、特点，熟练运用语法、修辞、逻辑等知识，做到文字表述准确、自然、简明扼要。口头表达能力要求公共交通从业人员在管理服务过程中注重表达的准确性、生动性、幽默性；力求通过口头表述将行业的思想、宗旨、服务、形象传递给乘客和其他服务对象，以得到他们的认可、理解和赞赏。协调沟通能力要求管理者在日常工作中妥善处理好与上级、同级、下级等各种关系，减少摩擦，能够调动各方面的工作积极性。一个优秀的城市公共交通从业人员，要想做到下级安心、上级放心、同级热心、内外齐心，就必须要有良好的沟通协调能力。

2. 人际交往能力

城市公共交通从业人员需要了解不同乘客的心理特征与行为特征，善于与不同职业的人交往，并以自己高雅、随和、诚实、开朗的形象，博得乘客的信赖和好感。交际成功的秘诀在于遵循人际交往中的各项礼仪，理解对方，尊重对方，关心对方，帮助对方。

3. 自控应变能力

城市公共交通从业人员在长期为乘客服务的过程中，难免会遇到一些态度粗暴、吹毛求疵的乘客。以微笑服务著称的公共交通从业人员在遇到这类情况时要以自己的冷静使对方平静，以自己的和颜悦色消除对方的冲天火气。这一点对于缺乏自控能力的人来讲是很难做到的。自控并非目的，自控是为了在各种突发事件面前保持清醒的头脑，分析各种主客观因素和条件，然后设法解决矛盾。所以，自控之后还需应变，应变需要理智与机智。面对复杂的情况，城市公共交通从业人员要随机应变，应付自如。

二、城市公共交通行业职业道德

（一）职业道德

1. 职业道德的含义

职业道德是同人们的职业活动相联系的、具有自身职业特征的行为准则和行为规范。

2. 职业道德的特点

职业道德和其他社会道德相比，有自身的特点。这些特点主要表现在以下几个方面：

（1）从适应范围上看，职业道德具有职业性的特点

职业道德是围绕职业活动特定的权责、方式和规律展开的，是反映、调节职业活动特殊矛盾的准则。

在一个社会里，行业多种多样，职业道德也多种多样。每一种职业道德一般只适用于本职业人员，不可能也不应该被用来约束其他职业人员的行为。

（2）从内容上看，职业道德具有稳定性的特点

职业道德的稳定性表现为世代相传的职业传统所形成的人们比较稳定的职业心理和职业习惯。例如：经商要“买卖公平，童叟无欺”，从医要“救死扶伤，不危害病人”等。这些职业道德在各个社会形态中基本上是一致的，超越了不同的社会形态，相对稳定地保

留至今。

（3）从形式上看，职业道德具有具体性的特点

职业道德的具体性是指职业道德的要求常常规定得非常具体，往往是针对职业活动的某些场合而具体制定的。例如：驾驶员在行驶中的“礼让三先”等。

3. 职业道德的基本内容

职业道德的基本内容主要包括：职业义务、职业良心、职业荣誉、职业信誉和职业纪律。

（1）职业义务

职业义务是职工对本职和社会所承担的道德上的职责，也是社会和本职工作对职工的道德要求。职业义务包括职业责任、职业使命和职业任务。其中，职业责任是职业义务中的核心；职业使命和职业任务是社会对各行业的道德要求。这些道德要求要通过各行业履行自己的职业责任来实现和完成。

（2）职业良心

职业良心是职业人员在履行职业义务过程中所形成的职业责任感和自我评价能力。职业良心是多方面的，它表现为对本职工作的责任感、对职业对象的同情感、对职业行为的是非感。

（3）职业荣誉

职业荣誉是在良心的启迪下，履行了职业义务以后获得的一种公认的社会价值评价。荣誉的获得与义务、贡献紧密相连，是鼓舞人前进的力量，其精神动力是理想和志气。

（4）职业信誉

职业信誉是指职业活动中信用和与之适应的社会赞誉的统一。它包含企业的信用和名誉，也包含企业生产的产品的信用和名誉。职业信誉有助于增强从业人员的自豪感，这种自豪感又反过来激发从业人员更加珍视本企业现有的职业信誉，并为建立更高的职业信誉而兢兢业业地工作。

（5）职业纪律

职业纪律是实现职业道德的一种带有强制性的调节机制，是企业根据职业道德的要求制定的本职业范围内必须遵守的纪律、守则等。它强制职工将自己的行为纳入职业道德的轨道，要求本行业人员无一例外地遵守。

职业纪律是各行业在长期的生产经营活动中逐渐形成的，是成功与失败经验的总结，有的职业纪律甚至是用血的代价换来的。因此不能掉以轻心，必须严格遵守。

（二）城市公共交通行业职业道德基础

1. 城市公共交通行业职业道德的含义

城市公共交通行业职业道德是社会主义职业道德的一个组成部分，是城市公共交通从业人员调整个人与乘客、个人与集体、个人与社会之间关系的行为准则和行为规范，是在社会主义职业道德原则指导下，根据本行业的特点，逐步形成的与职业责任、职业纪律、职业义务相联系的职业道德观念和职业道德标准。

2. 城市公共交通行业职业道德的基本原则

城市公共交通行业职业道德的基本原则是坚持社会主义经营服务方向，树立高尚的职业道德观念，时时处处体现乘客和社会的利益。城市公共交通行业职业道德把“安全第一、服务第一、乘客第一、信誉第一”作为企业的经营服务思想，强调“十字方针”（安全、迅速、方便、准点、舒适）是公交企业的优质服务标准，积极实施便民、益民的服务方法，努力增强营运服务功能，最大限度地满足城市经济建设和人民生活的需要。

3. 城市公共交通行业职业道德的基本内容

城市公共交通把“方便乘行、待客文明、保障安全、准点运行”作为城市公共交通行业职业道德的主要内容，要求每一位城市公共交通从业人员严格遵守。

城市公共交通具有鲜明的服务性特点，是城市精神文明建设的重要窗口。城市公共交通从业人员的思想品质、精神风貌、道德情操、举止行为将直接影响到企业服务质量、行业声誉和社会风气。因此，城市公共交通从业人员一定要注意工作规范（语言规范、行为规范、仪表规范），运用职业道德来制约自己，确保城市公共交通企业经营宗旨的落实。

4. 加强城市公共交通行业职业道德建设的意义

城市公共交通是城市的动脉、社会生产的第一道工序、精神文明的窗口，因此，加强城市公共交通行业职业道德建设具有重要意义。

（1）有利于城市经济的发展和社会的稳定

城市公共交通日复一日、年复一年地运送各种类型的乘客到城市各地工作、学习、生活、娱乐，这本身就是促进经济发展的基础。城市公共交通越发达，经济就越繁荣。城市公共交通的正常运营也是社会稳定的重要标志。

（2）有利于企业坚持正确的经营方向，促进企业的改革和发展

城市公共交通的行业精神是“一心为乘客，服务最光荣”。这句话高度体现了城市公共交通行业职业道德的本质是“乘客至上，服务为本”，而这正是城市公共交通企业坚持

为人民服务经营方向的基础。城市公共交通企业只要坚持全心全意为乘客服务的宗旨，两个效益就会不断提高，企业在市场中的竞争力就会提高，这就为企业的改革和发展奠定了良好的基础。

（3）有利于职工队伍素质和运营服务质量的提高

提高运营服务质量最根本的是提高职工队伍的素质。职工队伍的素质是由思想道德和科学文化两部分组成的，起决定作用的是思想道德素质，而职业道德素质是最重要的思想道德素质。因此，提高职工队伍的职业道德素质，可以促进职工队伍好风光的形成，促进企业运营服务水平的提高。

（4）有利于精神文明的传播，促进社会风气的好转

城市公共交通每个流动的车厢都是精神文明的窗口，每一名乘务人员都应成为精神文明的宣传员，而这是需要良好的职业道德做保证的。人际关系的改善，社会风气的好转，离不开像公共交通车厢这样的“社会细胞”从小到大、从点到面进行精神文明方面的建设。

（三）驾驶员职业道德

城市公共交通行业要维护营运生产的正常运行，保证良好的社会服务效益和经济效益，离不开一支具有强烈事业心、高度责任感的优秀驾驶员队伍。驾驶员的职业道德主要包括以下几个方面：

1. 热爱本职，尽忠职守

热爱本职就是要以正确的态度对待自己所从事的职业劳动，努力培养对它的感情，树立起职业荣誉感，从而在职业活动中发挥更大的工作积极性和创造性。

尽忠职守就是忠实地履行职业职责。职业职责是人们在职业活动中所承担的责任，是人们应该做好的工作和应该承担的义务。职业职责是由社会分工所决定的，并往往通过行政的甚至法律的方式加以确定和维护。严重的失职行为不仅要受到行政处分，甚至要追究法律责任。

热爱本职，尽忠职守也是职业道德问题，它和职业责任感密切相关。从某种意义上说，职业责任感的高低是衡量一个人社会主义觉悟和职业道德品质的重要尺度，较高的职业责任感是保证各项职责顺利履行的必要条件，也是社会主义职业道德教育的重要任务。职业责任有三个显著的特征。

（1）明确的规定性

凡是社会发展所需要的职业，必然客观地形成自己的职责范围和特殊的任务，并为其

他职业所不能代替。

（2）与物质利益的密切相关性

我国当前普遍推行各种形式的经济责任制，就是为了更好地把经济责任和经济利益结合起来，推动人们更好地承担职业责任。

（3）法定的强制性

各行各业是整个社会运转机器中的一个环节，为了维系社会运转机器正常而协调的运转，必须要有强有力的手段来保证职业责任的履行，以此推动整个社会健康、协调的发展。

城市公共交通驾驶员要明确自己的职业责任，认识驾驶员工作的社会意义，树立职业荣誉感和责任感。以主人翁的态度来对待本职工作，鄙弃斤斤计较的利己主义和“按酬付劳”的雇佣观点，以“小我”服从“大我”，以个人利益服从集体利益、社会利益，为公共交通事业做出自己的贡献。

2. 安全驾驶，优质服务

“保证乘客乘行安全”是城市公共交通驾驶员落实行业的基本任务，也是驾驶员职业道德的起码要求。城市公共交通驾驶员所担负的是人员的运送，所以驾驶员责任重大，不仅要保证车外的安全，还要确保车内的安全，“安全行车”是城市公共交通驾驶员首要的职责。

（1）牢固树立“安全第一、预防为主”观念是安全驾驶的前提

“安全第一”就是重视安全，把安全放在首要的位置。驾驶员在任何情况下行驶都要保持清醒的头脑，对可能出现的影响行车安全的情况有充分的估计、正确的判断，随时采取相应的措施。在行驶过程中“宁可一万个小心，不可一秒钟疏忽”，警钟长鸣，有备无患。

（2）严格遵守交通法规、认真执行操作规程是安全驾驶的保证

在行车过程中并不是驾驶员的每一起违章、违纪、违操都发生交通事故，但每一起交通事故都是违章、违纪、违操造成的。

（3）“礼貌行车、文明驾驶”是城市公共交通驾驶员优质服务的体现。驾驶员在行车驾驶过程中不能开“霸王车”“野蛮车”“赌气车”，“礼让三先，得理让人”；进站不拦机动车，出站不抢直行道，“宁停三分，不抢一秒”；为了确保人民生命财产的安全，宁可有理让无理；为了优质服务、安全驾驶，绝不无理对无理。

3. 遵章守纪，准点运行

城市公共交通驾驶员要严格遵守各种法纪法规和章程、制度，要把强制执行转变为自

觉的道德行为，做遵纪守法的模范。城市公共交通企业的规章制度和纪律都是从企业经营服务方针和工作特点出发的，对公共交通的营运服务起着保障作用，因此，驾驶员在行车驾驶城市公共交通运营管理实务中，无论有无检查、有无民警，无论白天还是黑夜，都必须遵章守纪。否则，安全驾驶难以保证，营运秩序难以正常，基本任务难以实现。另外，遵章守纪，贵在自觉；遵章守纪也不是权宜之计，要持之以恒。

准点行车是城市公共交通驾驶员职业道德的一个特定要求，也是城市公共交通驾驶员的一个重要职责。准点行车能保证线路营运正常，对全面发挥公共交通服务效能具有重要的意义。准点行车是公交优质服务的要求之一，也是社会衡量城市公共交通企业服务成效的标准之一。

4. 仪表端庄，车容整洁

端庄的仪表、整洁的车容是城市公共交通驾驶员良好职业道德修养的反映，同时也对城市公共交通营运安全和文明服务起到了保障作用。

驾驶员仪表是个广义的概念，它包括驾驶员工作时的衣着服饰、驾驶姿势和精神状态。端庄的仪表会给乘客带来安全感和信任感；驾驶姿势和精神状态虽然是乘客对驾驶员的外观审视，但在一定程度上也给乘客带来心理上的满足，这与公共交通服务乘客、满足乘客需求的宗旨是一致的。

整洁的车容有利于改变市容环境卫生和经营服务面貌。人们常把车辆比作“城市流动的街景”，这在很大程度上显示了城市公共交通的车容对城市风貌的影响。车辆的整洁包括车身、车内、座位、轮胎、车牌等的清洁；还包括挡风玻璃干净，车厢内无杂物、无异味等。

5. 钻研技术，爱护车辆

城市公共交通的职业道德要求驾驶员全心全意为乘客服务。然而，驾驶员仅有为乘客服务的良好愿望和热情的工作态度是不够的，还要掌握过硬的驾驶技术和与服务工作相关的各种业务知识，同时，必须始终保持营运车辆性能和技术状态的良好。因此，驾驶员要不断提高技能，钻研技术，精心保养车辆。

（1）勤奋学习，熟悉业务；刻苦钻研，掌握技术

公交车辆的驾驶是一项技术性较强的工作，在营运过程中，要想安全、迅速、方便、准点、舒适地将乘客运送到目的地，没有熟练的驾驶操作技术、没有一定的车辆保养和维修排故技术是不行的。驾驶员过硬的驾驶技术、维修保养技术不是一蹴而就的，驾驶员要精通有关业务知识也并非易举，需要经过刻苦的钻研、勤奋的学习。

（2）掌握熟练的驾驶技术，提高应变能力，有效防止事故发生

城市公共交通驾驶员的工作主要是以提供运载空间的形式为乘客服务。“安全行车”是驾驶员首要的职责，但不能由此产生一个错觉，驾驶员只要开好车不出事故就行了。安全固然第一，但这不是唯一，保证行车安全也是为了更好地为乘客服务。驾驶员在行驶过程中首先要让乘客乘上车，能乘上车是城乡居民对公共交通的基本要求；其次要让乘客乘好车，乘好车主要体现在保持行车平稳，做到起步不急、动作柔和，进站缓行、制动不冲，转弯减速、换挡轻准，提速均匀、降速平滑，平稳轻快、安全舒适；最后，公交驾驶员要在条件许可、安全保证的前提下，为乘客提供各种方便。

（3）精心养护，做好例保；爱护车辆，发挥效能

运行的车辆要保持车况良好、技术状态良好，平时的养护不可少。驾驶员要以负责的态度认真做好例行保养工作。车辆和人一样，有些“病”具有一定的潜伏期，非到一定程度不易察觉。稍不注意就可能引起技术状态恶化，轻者抛锚影响营运，重者危及乘客和驾驶员自身的安全。爱护车辆是行车安全的需要，也是为乘客提供优质服务的需要，还是爱护公物道德观念在驾驶员职业活动中的体现。每一个公交驾驶员都应以主人翁的姿态爱护车辆，使之在营运过程中发挥更大的效能。

（四）乘务员/站务员职业道德

乘务员职业道德是以社会主义城市公共交通职业道德准则为指导，结合公共交通乘务员岗位工作特点，继承和发扬公共交通职工优良的道德传统，在乘务员工作实践中逐步形成和发展起来的，是公共交通乘务员职业活动中从思想到行为都必须遵循的准则和规范。它的主要内容包括以下几个方面：

1. 热爱本职，忠于职守

热爱本职就是要热爱所从事的工作岗位，树立职业荣誉感；忠于职守就是忠实地履行职业职责。它们是城市公共交通乘务员应有的美德，也是职业道德的基本要求。城市公共交通以营运服务为中心，要求乘务员把社会服务效益放在第一位，热爱自己的职业，忠于职守，做好本职工作。

（1）充分认识服务工作的重要意义

城市公共交通是社会生产和人民生活不可缺少的服务行业。乘务员是营运服务过程中的主要服务人员，其工作形式是通过车厢服务满足乘客的出行需求。乘务员的工作体现了公共交通营运服务过程与生产过程的统一、社会效益与经济效益的统一。尽管乘务员工作是非常平凡的，但社会的建设和发展一刻也离不开它。

（2）树立主人翁的责任感

城市公共交通行业的服务对象是乘客，其特定的社会职业性质决定了乘务员与乘客之间是服务与被服务的关系，即乘务员的主要职责是为乘客提供服务。随着客运市场竞争的日益激烈，服务与被服务的观念日益得到强化，这决定了乘务员的言行要服从乘客的利益，乘务员要尽可能满足乘客乘行的各种需求，正确处理好与乘客的关系，坚持做好本职工作。这既是公共交通行业在客运市场竞争中取得优势的基础，也是乘务员热爱本职、忠于职守的道德品质的体现。

2. 文明礼貌，乘客至上

文明礼貌是处理人与人之间关系的一种社会美德，其核心是对他人的关心和尊重。对乘务员来说，以文明礼貌的态度、方便周到的服务，热情接待好每一位乘客，是职业道德的一个中心内容。

（1）文明礼貌，尊重乘客

车厢是社会的缩影。乘务员每天要同各种类型的人打交道，因此，文明礼貌对售票员来说就显得尤为重要。因为文明礼貌不仅表示对服务对象的尊重，也表明对自己工作的重视和对自己的自信、自重。在服务中，乘务员要自尊自爱、自信自强、不失分寸，同时也要谦虚和蔼、热情有礼。尊重乘客，服务至上，不论国籍、民族、身份、贫富等都应最大限度地满足他们正当的服务需求。

（2）注重安全，热情服务

人们以公共交通为代步工具，希望能及时乘上车，安全、迅速地到达目的地，这是乘客的基本出行需要。乘务员必须把满足乘客的第一需求作为自己服务工作的一个重要内容。在工作时，乘务员要牢牢树立安全意识，时刻关心乘客的乘车安全，开、关门时提醒乘客注意安全；车辆行驶途中，要提醒乘客坐好或站好并拉好扶手，头和手不要伸出窗外，预防乘行中因各种原因造成的跌伤、压伤、扶伤等事故；对老弱病残孕及怀抱婴儿等特殊乘客，更应加倍体贴照顾，及时落实好座位，热情周到地为他们服务。

3. 遵章守纪，顾全大局

乘务员必须以高尚的职业道德品质来指导自己的行为，自觉遵守职业纪律、营运纪律和其他规章制度，这是乘务员职业道德的一项重要内容。

为保证正常的营运生产秩序，乘务员要有很强的时间观念，不能迟到、早退或中途擅离职守，必须听从现场调度员的指令，不在营运中与驾驶员一起私自拉站、掉头。这既是遵章守纪的要求，也是顾全大局、提高营运效率的需求。

4. 仪表端庄，车容整洁

乘务员的仪表犹如企业的一面“镜子”，直接反映出这个企业的精神面貌，直接影响着企业的形象。因此，整洁、大方、典雅的仪表、仪容是乘务员良好气质的重要反映。此外，公交驾驶员应衣着整洁，仪表端庄，禁止打赤膊、穿拖鞋或高跟鞋上岗。

持证上岗并按规定放置；坚持讲普通话，统一使用服务用语，讲究语言艺术，做到吐字清楚、语言准确；使用十字文明用语，即“请”“您好”“谢谢”“再见”“对不起”。禁止使用“快点”“不知道”等不文明用语。

乘客对公共交通服务的感受还有赖于公共交通车辆服务设施的完好与否，车厢内外环境卫生整洁与否。因此，乘务员在工作中要特别注意保持路牌的齐全，车窗玻璃、拉手、车厢座位和扶手杆的完好。因为这些设施的损坏都会导致乘客的不便，甚至有可能会给乘客带来一定的损失。

乘务员还应注意保持车厢内外的环境卫生，做到窗明、座净、地板清洁，车身无积垢、污泥。

5. 钻研业务，讲究艺术

随着社会的进步，一个优秀的乘务员除了全心全意为乘客提供服务外，还必须具有丰富的业务知识和熟练的服务技能、技巧以及一定的文化素养。因此，城市公共交通乘务员必须钻研业务知识，讲究服务艺术，这是职业道德中不可缺少的重要内容。

乘务员为圆满地解答乘客的询问，需要熟悉城市的交通地理；为保障乘客的乘行安全，要了解交通规则等有关规定；要维护好车辆秩序、正确处理好车厢内可能发生的各种情况，需要具备一定的治安、法律知识和一定的调解能力；在与各种类型的乘客沟通时，为了达到有效服务，需具备一定的外语、方言、哑语等会话能力。因此，一个具有良好职业道德素养的乘务员，需要发扬勤奋学习、刻苦钻研的精神，掌握过硬的服务本领。

讲究服务艺术指的是在乘务活动中，为满足服务对象某种特殊需要所运用的服务方法。要求乘务员及时准确地掌握乘客的心理，只有掌握了乘客的心理活动规律，及时了解乘客有些什么乘车要求，才能有的放矢，因势利导地做好服务工作。此外，还要讲究一些语言技巧，婉转的语言会软化僵局，避免纠纷；幽默的语言能增强效果，乐于被人接受。

6. 团结协作，密切配合

“团结协作，密切配合”是根据城市公共交通行业的特点，结合乘务员的工作特性提出的道德规范。它是集体主义原则在乘务员职业道德中的具体体现。“团结协作，密切配合”是搞好行车服务、提高营运效率、维护营运秩序、提升营运服务质量的重要保证，也是衡量公共交通乘务员职业道德品质优劣的一个标志。

乘务员必须与驾驶员做好协作配合工作，这是保证行车安全、提高服务效益的关键。有句话叫“协作出效益”，说的就是这个道理。自觉地做好与同车驾驶员的协作配合工作，摆正个人、集体、国家三者的关系，自觉地以个人利益服从集体利益、局部利益服从全局利益、眼前利益服从长远利益。此外，还必须加强与行车管理人员、调度员、机械修理员等有关人员的团结互助，大家拧成一股劲儿，这样企业的营运服务效益才能不断加强。

（五）管理人员的职业道德

城市公共交通管理人员在城市公共交通企业员工中占了较大的比重，包括各级任职的领导干部和各级各部门各岗位负有一定责任的一般干部。管理人员的主要职责是制订企业内部政策、制度，并且对企业的经营、管理做出决策；制订计划、措施，负责实施，进行监督、检查、指导、协调。此外，管理人员都负有较重要的责任，有的还掌握人、财、物等一定权力。因此，管理人员，特别是其中的领导干部的素质高低决定企业的经营成败，同样其职业道德素质也对企业职业道德建设具有重要影响。限于篇幅，这里只介绍管理人员应当共同遵守的职业道德。

1. 热爱本职，忠于职守

“热爱本职，忠于职守”是城市公共交通企业员工应当共同遵守的基本职业道德，管理人员也应该自觉遵守，并以自身热爱城市公共交通事业、爱企业、爱本职、恪尽职守的实际行动，感染、教育、引导职工，不断增强他们的职业荣誉感和责任感，为企业的改革发展做出应有的贡献。

2. 服务乘客，关心职工

“服务乘客，关心职工”是管理人员职业道德的主要内容，它从两个侧面反映出管理人员职业道德的核心，即“一心为乘客”。从分工上看，管理人员一般不会上车直接为乘客服务，但职业道德要求管理人员履行职责，要起到促进运营一线员工为乘客提供满意服务的作用。

“服务乘客”要求做到“乘客至上”。城市公共交通企业是服务行业，其服务对象是社会各界乘客，企业的性质要求管理人员在实际工作中必须坚持“乘客至上”的原则。也就是说，城市公共交通一切工作的立足点都要放到千方百计满足乘客出行的需求上。具体来说，就是要坚持“方便出行，改善服务”的工作方针。比如，每年在制订开调延线、设站、延时、运力配备等运营工作计划时，就要认真调研，倾听群众的呼声，把群众反映的比较集中的出行、候车、换乘不便，公交又有能力解决的问题作为工作重点。在制订服务工作计划时，要认真分析乘客的投诉，把群众反映比较强烈的“常见病”作为治理重点，不断改善服务质量，提高群众的满意率。“乘客至上”的原则要求保修二线和后勤三线的管理人员在实际工作中，要坚持“为运营一线服务就是为乘客服务”“一线的需求就是乘客的需求”，从而在车辆技术、设施、保修、后勤服务等方面为运营一线提供支持和保障。

“关心职工”是管理人员职业道德的内容之一，也是管理人员的基本职责之一。“关心职工”首先要做到从政治思想上关心职工，对职工政治上的进步要求予以重视、支持，并积极创造条件，及时解决他们思想上、认识上的问题；其次要做到从工作上关心职工，对职工提高文化、业务、技能水平等方面的要求，要从实际出发，积极创造条件予以支持，并千方百计改善其工作环境和条件。最后要做到从生活上关心职工，尽可能地解决职工在劳保、医疗、就餐、住房、家庭生活等方面的实际困难，解除他们的后顾之忧，使他们安心工作，并注意改善职工的文化娱乐生活，使职工能在身心两个方面健康成长。

3. 注重效率，提高质量

“注重效率，提高质量”是管理人员应该具备的基本职业道德素质，也是其职责特点所要求的职业道德的基本内容。管理人员承担的工作直接涉及企业和职工的利益，其工作效率和质量关系到企业生产和经营的正常进行，关系到企业的形象和信誉。每名企业管理人员都要注重工作效率，讲求工作质量。

“注重效率，提高质量”要求管理人员必须增强职业责任感，对所承担的工作极其负责。增强职业责任感首先要求管理人员忠实履行本岗位职责，杜绝失职现象的发生；其次要求管理人员要当好领导者、决策者，对生产经营中可能发生的问题提出预见性的意见和措施，防患于未然，确保企业运营生产的正常进行。

“注重效率，提高质量”要求管理人员要进一步增强群众观念。每名企业管理人员要牢固树立“管理就是服务”的思想，属于“分内”的工作要尽心竭力去办；属于“分外”的工作，也要与其他工作人员积极配合，通力合作。

4. 深入调研，精通业务

“深入调研，精通业务”既是城市公共交通管理人员的基本素质，也是其职业道德的基本内容。

“深入调研”对城市公共交通企业管理人员而言是基本功。城市公共交通是服务性行业，城市公共交通工作的基本点应该围绕服务对象转，哪里有客流，乘客有什么样的要求和意见，这些都需要深入地进行调查研究，在此基础上指导、改进运营服务质量。“深入调研”也要求管理人员转变工作作风，深入基层，了解掌握基层工作的实际情况和困难，现场办公，指导协调，解决问题，为基层开展工作千方百计创造条件，同时认真听取基层单位的意见和建议，不断提高管理质量。

“精通业务”是对城市公共交通企业管理人员的要求。首先要求城市公共交通企业管理人员做到熟悉国家、政府颁布的与本职工作有关的法律、法令、法规及政策；其次要求城市公共交通企业管理人员做到掌握企业和专业相关的管理制度、规章和业务知识，争取做到一专多能；最后是要求城市公共交通企业管理人员做到提高文化素质，适应管理工作的需要。管理人员的基本职责是安排、实施、检查、指导、汇报、总结工作，这些工作环节离不开“说”和“写”，而“说”和“写”是要一定的文化水平做基础的。

5. 坚持原则，团结协作

“坚持原则，团结协作”是由城市公共交通企业管理人员的岗位特点所决定的，是管理人员职业道德在政治方面的准则。

“坚持原则”是对城市公共交通企业管理人员的政治要求。城市公共交通行业的性质是社会主义性质，企业的经营宗旨是为人民服务。首先，“坚持原则”要求城市公共交通企业管理人员要坚持企业的社会主义性质和方向，而不能见利忘义、损公肥私，这是任何时候都不能动摇的；其次，“坚持原则”要求城市公共交通企业管理人员在实际工作中做到“一碗水端平”，办事公道，不能有偏有向，感情用事，挫伤职工的积极性。这些绝不能单纯归结为工作方法，更重要的是反映了城市公共交通企业管理人员的基本政治素质。

“团结协作”是城市公共交通企业管理人员职业特点所决定的职业道德基本内容。城市公共交通企业管理人员在履行职责时必然要与上下左右的员工发生各种联系，因此部门与部门、单位与单位、个人与个人之间的相互理解配合和支持是非常重要的，它有利于企业整体工作目标的圆满实现，有利于工作效率和质量的提高。作为城市公共交通企业的管理人员，首先要树立“大服务”“一盘棋”的思想；其次在实际工作中要注意克服“小团体”“小山头”的思想，杜绝推诿、扯皮现象，做到分工不分家，坚持个人、部门、单位服从整体的原则。

6. 遵章守纪，廉洁自律

“遵章守纪，廉洁自律”也是城市公共交通企业管理人员的基本政治素质，是其职业特点决定的职业道德的重要内容。

“遵章守纪”与“廉洁自律”两者的关系是辩证统一的，前者是前提，后者是结果。作为城市公共交通企业的管理人员，要明确认识两者之间的关系，遵守国家的法律、法令、法规、政策和企业内部的规章制度、纪律守则，只要做到了这一点，“清正廉洁”的形象自然能树立起来。城市公共交通企业管理人员要做到“清正廉洁”，还要正确认识和运用手中的权力。城市公共交通企业管理人员要做到“清正廉洁”，还必须不断克服各种消极因素的影响，牢固树立起“拒腐蚀，永不沾”的思想。在当今社会条件下谁也不可能生活在真空里，每一个人，特别是担负重要职务的领导干部，面临的诱惑和考验很多，作为城市公共交通企业的管理人员，要自觉抵制诱惑、经受考验，必须做到“自重、自省、自警、自励”。

第二节　城市公共交通运营管理

一、城市公共交通运行监管

城市公共交通运行监管就是对城市公共交通运营服务过程的计划、组织、实施和控制等各项管理工作的总称。城市公共交通运营过程由城市公共交通运输企业具体组织，根据城市公共交通行业管理机构对服务规范的要求和城市公共交通客流动态变化规律对其运营过程进行组织指挥和调节，形成有序的运营服务，最大限度地从站点设置、运营时间、线路运营形式、线路车辆配置等方面来满足市民出行需求。

城市公共交通行业管理机构是公共交通运营服务的监管主体。监管内容主要有：一是企业市场准入与退出管理；二是运营服务规范执行情况与质量监管；三是运营企业经营成本监审。一套完善的政策法规是行业监管的基础，城市公共交通行业管理机构依据相关法规、规章和规定，依法行使行政许可和监管职权。通过规范化的监管，明确企业的责任和义务，维护各方权益，规范运营服务，保障城市公共交通安全运行。

（一）城市公共交通运行监管的主要内容

1. 线路经营权管理

城市公共交通线路经营权管理，是指城市公共交通行业管理机构依照法定程序授予符合资格的企业经营者在规定期限内经营指定的公共汽（电）车和轨道交通线路的权利。规范的线路经营权管理制度是城市公共交通行业市场准入和公平合理配置公共资源的基本制度，是城市公共交通行业管理机构加强运营监管的重要抓手，可以促进企业不断提高服务水平。

(1) 线路经营权的准入管理

我国城市公共交通运营企业取得线路经营权的方式主要有两种：一是政府直接审批授权；二是政府通过公开招标或邀标的方式授予。第一种方式对城市公共交通线路的所有权和经营权未作界定，排他性特征不明显；第二种方式明确了城市公共交通线路资源作为国有资产的属性。

城市公共交通线路的所有权和经营权可以分离，市场化运作只改变线路的经营权实现形式，而不改变其产权属性。

运营企业取得线路经营权需要具备相应的资质条件。主要包括：有企业法人资格，有符合国家有关标准的城市公共交通车辆、设施，有符合规定的运营资金，有符合从事城市公共交通运营服务要求的驾驶员，有与运营业务相适应的其他专业人员和管理人员，有健全的运营服务和安全管理制度。

为推动企业加强运营服务管理，提高运营服务质量，促进行业适度竞争，城市公共交通线路经营权需设有一定的运营期限。对于城市公共交通线路运营期限届满需要延续的，城市公共交通企业应当在期限届满前向城市公共交通行业管理机构提出延续申请。

(2) 线路经营权的授予特点

线路经营权的授予主要应以企业所具有的运营服务资质条件为依据，同时也应根据公共交通运营服务的特点和要求，体现以下特点：

一是有利于线路运营的稳定有序。对于线路经营权期限届满、运营服务良好的企业，应给予其新一期的线路优先经营权，以保证线路经营的连续性和稳定性。

二是有利于区域相对集中运营。应鼓励特定区域内经营业绩、运营服务优良且具有相对规模优势的企业通过重组兼并达到相对集中经营，并给予其区域内线路经营优先权。

三是有利于线网优化调整。应支持现有线路的经营者通过与其他线路经营者实行线路经营权置换等方式，进行实现规划要求的线路优化调整。

(3) 线路经营权的考核标准

线路经营权的考核标准是线路经营权管理的主要内容。监督企业在运营中执行取得线路经营权时确定的客运服务、行车安全等方面制度的情况，加强线路经营权的考核是健全线路经营权管理制度、提高运营服务质量的重要手段。

线路经营权考核标准的内容一般由运营基本条件和管理要求两个部分组成。运营基本条件包括对该线路车辆配置、服务设施、站点设施和人员素质等方面的规定；管理要求包括运营服务、安全行车、车辆设施、站容秩序、票务管理、投诉处理、遵章守纪、社会评议等方面的规定。城市公共交通行业管理机构可以根据客运市场的变化和运营服务的要求，适时修改考核标准。

城市公共交通行业管理机构应当根据公布的考核标准，在企业进行自我检查的基础上，每年组织对企业的运营服务状况进行评议，并充分重视乘客、信访投诉和新闻媒体报道等社会方面的评议意见。评议时可邀请乘客代表、新闻媒体等方面参加。

（4）线路经营权的退出管理

经考核评议，线路经营者达不到线路经营要求的，城市公共交通行业管理机构应责令其限期整改，整改期满，考核合格的可继续经营。整改期满仍不符合管理要求的，应取消其线路经营权。

城市公共交通线路经营权的退出管理是一项政策性很强的行业管理工作。在操作过程中，既要严格、规范，也要稳妥、有序。特别对退出经营的企业要妥善处理好资产评估、人员安置、运营衔接等相关事宜。新授权经营单位要优先吸收原在该线路运营的驾驶员、售票员和调度员等。

2. 日常运营服务管理

城市公共交通的日常运营服务管理，是完善运营服务标准，督促运营企业不断提高公共交通服务质量，为乘客提供安全、便捷、经济、可靠的客运服务，促进城市公共交通发展的基础和保障。

（1）主要内容

①线网及线路管理

线路日常运营管理是指根据城市公共交通线网规划，编制和确定实施计划，包括线网优化调整、新建住宅区线路配套、复线控制、线路暂停与终止、线路长度控制、公交专用道管理等内容。

②站点设置与管理

站点设置布局、首末站设施管理、首末站日常管理、站名规范管理、站牌服务信息管理、候车设施管理、临时站牌管理等内容。

③运营车辆、车载服务设施管理

车辆技术要求、车辆服务设施配置要求、车辆日常维护要求等。城市公共交通行业管理机构对运营车辆实行年度审验制度，未经年度审验或经年度审验不合格的运营车辆，不能用于线路运营。

④票务管理

行业票务管理主要包括票价的制定、售票员售检票、票款回收、核算、统计等相关工作的要求。政府物价部门核定运价标准，城市公共交通行业管理机构据此对票价进行检查监督，对企业提出的票价调整申请进行审核，会同物价部门组织听证。

运营企业应严格按照政府核定的运价标准收费，并向乘客提供经城市公共交通行业管理机构和税务部门共同核准的统一票据；如需调整票价，须报政府主管部门批准后才可实施；在运营过程中，售票员或驾驶员应监督乘客按规定买票（投币或刷卡），正确识别与处理违章乘车事件。

⑤行车作业计划管理

城市公共交通行业管理机构对线路行车作业计划的编制和执行情况进行监督检查。

在线路投入运营前，运营企业应按照运营要求和客流量编制线路行车作业计划，对行经路线、停靠站点、开收车时间、配备车辆数、车辆发车时间间隔等进行规范，并报城市公共交通行业管理机构批准后组织实施。

⑥从业人员服务操作规范管理

对驾驶员、售票员、调度员等运营企业的现场服务人员在规范着装、服务用语、操作规程等方面进行规范管理和监督检查。

（2）建立服务督查评价机制

为加强城市公共交通日常运营服务规范管理，城市公共交通行业管理机构应根据各地的行业运行与管理实际，探索建立一套切实有效的日常运营监督管理机制。

①建立和完善服务规范标准监督检查制度

一是要加强城市公共交通行业管理机构的行业稽查。特别是要通过加强现场监管执法力量、充分应用信息化等技术手段，加大行业稽查力度，提高执法监督的有效性与权威性。

二是要推动企业自我管理，促进行业自律。尤其要充分发挥行业协会的相关职能，通过行业协会的纽带作用和组织、教育作用，增强行业和企业的自律意识，提高规范服务水平。

三是要充分发挥社会监督的作用。可通过行风巡查团、乘客投诉、媒体监督等方式，形成全社会共同关心、关注城市公共交通规范服务的合力。

②建立和完善城市公共交通日常运营服务社会评判与考核机制

一是要引导社会中介组织建立行业服务的社会评判机制。在服务规范标准内容的制订、执行监督、考核实施等环节都要通过适当机制引导专业的、权威的社会中介组织积极参与，充分发挥作用。

二是要建立严格的服务考核机制。服务规范标准通过适当渠道经社会评判认可后，政府对城市公共交通服务的监管也以此为依据，根据企业服务水平，决定线路经营权的授予以及财政补贴、补偿的数量。企业也根据社会认可的服务规范提供公共交通服务，规范企业内部服务供应考核制度，以服务水平作为考核经营者、驾乘人员的主要指标，并健全日常服务考核程序与数据管理。

对于企业服务规范标准执行情况的督查、考核，要作为城市公共交通线路经营权管理和企业经营者综合经营管理绩效评价的有效手段，根据考核指标权重的不同，设定具体的，甚至量化的考核标准，这样才具有可操作性和权威性。

3. 运营成本监审

所谓运营成本监审，是指政府有关部门通过合理界定企业运营收入和成本范围，建立城市公共交通行业单位成本标准，科学测算、审核和评价企业的经营状况，并将运营成本以适当的方式向社会公开，促进城市公共交通企业进行成本控制、规范营收。运营成本监审，为政府部门评价城市公共交通行业经营状况、完善扶持政策提供依据，也是建立公共交通合理补贴机制的需要。

城市公共交通作为公益性行业，其票价应该受到政府的监管，而不适宜实行完全市场化的定价方式。近年来，随着油价上涨、车辆更新等经营压力的不断加大，我国城市公共交通企业普遍存在着票款等收入难以弥补生产经营支出的问题，甚至日常经营也面临不同程度的困难，这影响了城市公共交通企业的可持续发展，因此，政府应当通过补贴、补偿等方式给予适当扶持，保证城市公共交通运营服务的正常进行。这就迫切需要在城市公共交通行业推行成本监审制度。通过成本监审，促进企业加强管理、降低成本，规范公共财政补贴，实行合理的行业扶持政策和价格政策，提高政府行业监管的效率和水平。

（二）城市公共交通行业管理体制

我国城市公共交通管理体制主要有以下三种模式：一是由交通、市政、城建、公安等部门对城市公共交通实施交叉管理的传统管理模式；二是由交通部门对城乡道路运输实施一体化管理的模式；三是“一城一交”综合交通管理模式。

模式一：由交通、市政、城建、公安等部门对城市公共交通实施交叉管理。交通局负责公路运输、公路和场站规划建设以及水路交通运输的行业管理，市政公用局负责城市公交汽车和城市客运出租汽车的管理，市城建部门负责城区的道路规划与建设。这种模式由于部门管理分头领导、职能交叉、分工不明，因而政出多门、政令冲突。主要实施的城市有南京、福州、昆明、南宁、成都、杭州等。

模式二：由交通部门对城乡道路运输实行一体化管理。实现了交通部门对交通的管理，虽整合了道路运输资源，但不具备城乡交通统一战略、统一规划、统一政策和统一建设的职能。这种模式也最普遍，主要实施的城市有沈阳、哈尔滨、乌鲁木齐、西宁、长沙、兰州等市。

模式三：实行“一城一交”综合交通管理模式。市交通委员会是市政府组成部门，负责交通运输规划、道路和水路运输、城市公交汽车、出租汽车的行业管理，并负责对城市内的铁路、民航等其他交通方式进行协调。实现了道路运输管理的一体化，但在交通基础设施的建设养护方面尚未形成集中统一管理。主要实施的城市有北京、广州、重庆、深圳、武汉等。

（三）城市公共交通补贴机制

城市公共交通作为城市生产的社会共享资源之一，其经营活动具有鲜明的二重性。城市公共交通行业既具有生产性质，又具有公益性质。公共交通企业需要政府进行财政补贴，政府对公共交通提供政策性亏损补贴是为了适当降低票价，吸引乘客乘坐公共交通，以取得整体经济效益和社会效益最大化的一种经营策略，这种策略诱导个体交通转换为公共交通，以提高公共交通吸引力。补贴的多少则与票制票价和成本有关，为此要建立公共交通票价与企业运营成本和社会物价水平的联动机制，根据城市经济发展状况、社会物价水平和劳动工资水平及时调整公共交通票价和补贴额度，真正实现政策性补贴带来的社会经济效益最大化。

1. 城市公共交通补贴政策

城市公共交通补贴政策和制度是实施公共交通补贴的参考依据，我国各级政府非常重视城市公共交通补贴制度的建立和财政扶持政策的出台。

（1）低票价的补贴机制

城市公共交通实行低票价政策，以最大限度吸引客流，提高城市公共交通工具的利用效率。建立健全城市公共交通票价管理机制，要在兼顾城市公共交通企业的经济效益和社会效益的同时，充分考虑城市公共交通企业经营成本和居民的承受能力，科学核定城市公共交通票价。由于公共交通的低票价由城市人民政府根据城市财力以及居民出行的需要确定，导致城市公共交通企业因低票价而亏损。为了维持公共交通企业的可持续生产，城市人民政府对公共交通企业实施低票价补贴，例如：深圳市采用成本规制的补贴方法。但在这一机制下，由于在企业的收入和成本中，难以分清经营性与政策性业务，要核定低票价造成的企业亏损额，就面临着难以界定经营性亏损与政策性亏损的问题。这一问题，也正是目前公共交通补贴机制中的一个世界性难题。

（2）燃油补助及其他各项补贴

成品油价格调整影响城市公共交通增加的支出，由中央财政予以补贴。各级人民政府应加强对补贴资金的监管，确保补贴资金及时足额到位。同时，要建立规范的成本费用评价制度和政策性亏损评估及补贴制度。定期对城市公共交通企业的成本和费用进行年度审计与评价，在审核确定城市公共交通定价成本的前提下，合理界定和计算政策性亏损，并给予适当的补贴。其他补贴还可以包括购车补贴、低碳交通补贴等。

（3）规范专项经济补偿

城市人民政府应严格按照国家法律、法规的相关条款和有关文件的规定，合理准确地界定社会公益性服务项目。城市公共交通企业有责任承担政府指令性公益任务，对城市公共交通企业承担的此类任务所增加的支出，经城市人民政府主管部门审定核实后定期进行专项经济补偿，不得拖欠和挪用。

2. 城市公共交通补贴方式

城市公共交通的补贴方式的选择直接影响补贴的金额和补贴的效果。在实际操作过程中，对于采用何种方式进行公共交通补贴，各个地区或城市应当根据当地特点选择适应的方式。下面分别对公共汽（电）车和轨道交通补贴方式进行说明。

（1）公共汽（电）车

我国城市公共汽（电）车补贴内容主要包括低票价补贴、特殊人群减免票补贴、油价补贴、冷僻线路补贴、政府指令性任务所增加支出的补贴。对公共交通的补贴方式主要包括规范型的补贴、预算约束型的补贴、谈判型的补贴。

①规范型的补贴有三种方式

一是招投标方式，对取得线路经营权的运营企业进行补贴；二是通过地方政府的规范性文件，规定公共交通补贴方式；三是专项性补贴，如燃油补贴、车辆更新补贴等。

②预算约束型的补贴

地方城市政府采取基数包干法，公共交通补贴额几年不变，或者根据城市财政收入确定补贴额度。

③谈判型的补贴

公共交通企业每年根据实际发生的亏损额，与地方政府财政部门进行协商后，确定公共交通补贴额度。

补贴资金的来源主要由地方政府负责解决。城市政府在安排预算时，主要是通过“企业政策性亏损”科目来核算。中央财政对于公共交通补贴未纳入中央财政预算科目，目前仅分配了部分燃油补贴。

（2）轨道交通

对城市轨道交通这类大型基础设施项目而言，由于项目自身营利性相对较差，政府通常要给予一定的补贴。常见的补贴方式有两种：在建设期间的前补贴方式和在运营阶段的后补贴方式。

①前补贴方式

项目由政府和企业共同投资，政府的出资主要用于项目的土建工程部分（包括车站、轨道和洞体），而企业融资成立项目公司，对地铁进行建设（包括车辆、信号等一些流动资产）、运营和维护。项目建成后，政府投资部分的资产无偿或象征性地租赁给项目公司经营，政府对其投入资产享有所有权而无对等的收益权，企业对政府投资享有使用权和收益权。

②后补贴方式

以预测客流量和实际票价为基础，在项目建成后和投入运营过程中按一定方法对运营亏损和投资维修进行补贴，项目运营中的风险和收益在一定程度上由政府与企业共担。这种方式多建立在合理估算和预测的基础上，比照实际情况进行调整，并采取分成形式分担风险和收益，避免政府、企业承受过大的市场风险。可以促使企业在保证安全运营的前提下降低运营成本，提高经营管理水平，实现政府公共利益与企业商业利益的结合，从而实现政府和企业双赢。

3. 城市公共交通补贴制度建设

（1）建立规范的补贴制度

城市公共交通发展要纳入公共财政体系，建立健全城市公共交通投入、补贴机制。对由于实行低票价、月票以及老年人、残疾人、伤残军人免费乘车等减免票政策形成的城市公共交通企业政策性亏损，城市人民政府应在定期对城市公共交通企业成本费用进行年度审计与评价的基础上，合理给予补贴。大、中城市可按年度实行运营公里补贴，小城市可按年度实行定额补贴，并将上一年度政策性亏损补贴列入政府下一年度财政预算，按年度足额落实到位。对承担社会公益性服务所增加的支出，按月或季度给予专项经济补贴。补贴经费在政府年度预算中列支，统筹安排，重点扶持。

（2）规范的城市公共交通方面的成本费用评价制度

按照国发办的相关文件的精神，对城市公共交通企业实行严格、规范的成本费用审计与评价制度。各城市公共交通行业管理机构、发改委、财政局、物价局、劳动保障局定期组织对城市公共交通企业的成本和经费收支情况进行年度审计与评价，在审核确定城市公共交通定价成本的前提下，合理界定，并报地方政府给予政策性亏损补贴。城市公共交通企业运营成本必须通过新闻媒体和网络等多种形式向社会公开。成本费用考核指标方面，可用人车比和单车运营成本作为成本考核的主体。人车比可以反映公共交通企业的竞争力、技术水平及管理效率，人车比降低，可节约企业人工成本。对单车运营成本考核可核定单车各项成本费用消费系数，超出的定额消耗部分由企业自负。上述两方面合起来即可作为成本费用考核指标体系。

（3）政策性亏损评估内容

根据政策性亏损补贴范围，建立一系列考核指标，严格界定政策性亏损额度，公共交通企业合理的亏损额由政府予以财政补贴。如果公共交通企业实际亏损额超过合理亏损额，超额部分属于经营性亏损，政府不予补贴。如公共交通企业实际亏损额低于合理亏损额，说明其管理富有效率，经济效益及社会效益较高，应对其进行适当奖励。政策性亏损考核指标的内容除了合理成本的考核外，还包括服务质量考核。对服务质量的考核指标可采用客位公里、人公里。采用客位公里可反映公共交通车辆的实际运行状况，人公里可反映车辆的运营及满载率情况。

上述指标将人和车结合起来，实际构成了对公共交通企业经济效益与社会效益进行考核的指标体系。

二、城市公共交通运营评价

城市公共交通是重要的城市基础设施，具有鲜明的社会公共使用性质，与人民群众的工作和生活息息相关，是关系国计民生的社会公益事业，在满足城市居民出行、正常发挥城市功能方面起着重要作用。据统计，我国城镇居民日常出行约70%的人首选乘坐公交车辆。随着我国经济的持续快速发展和城市化进程的推进，我国城市公共交通无论是运力还是规模，都处于快速发展的过程中。城市公共交通运输业在快速发展过程中，如何在更好满足居民出行需要的前提下，努力提高运输生产效率、改善服务质量，受到越来越广泛的关注。为了促进城市公共交通的健康发展，必须对其运营过程组织效果、服务质量水平进行科学的评价，在不断提高运输生产率的同时，更好地满足城市居民出行的需要。

（一）城市公共交通的网络技术性能评价

城市公共交通线网密度、万人公共交通车辆拥有率以及公共交通站点覆盖率等，直接关系着公共交通乘客乘车的便捷程度，因此，这些指标常常就作为评价公共交通网络技术性能的重要因素。

1. 城市公共交通线网密度

城市公共交通线网密度有以下两种算法。

（1）纯线网密度（km/km^2）

公共交通纯线网密度指有公共交通服务的每平方公里的城市用地总面积上，有公共交通线路经过的道路中心线总长度，即：

$$公共交通纯线网密度=\frac{有公共交通线路经过的道路中心线总长度}{有公共交通服务的城市用地总面积}$$

该指标的大小反映了居民接近公共交通线路的程度。从理论上分析，全市以2.5~3.5km/km^2为好，在市中心区客流量大处可适当加密，市边缘地区客流密度低，则可减小。

（2）运营线路网密度（km/km^2）

公共交通运营线路网密度的计算方法是用各公共交通运营线路总长度除以所经地区总面积，即：

$$公共交通运营线路网密度=\frac{各公共交通运营线路总长度}{有公共交通服务的城市用地总面积}$$

这一指标考虑到公共交通复线、重叠系数的事实，但对于公共交通线路分布是否均匀、居民乘车是否方便，还不能反映出来。该指标与公共交通纯线网密度指标无法联系，也不能相互换算。不过，这项指标比较容易计算。

2. 城市公共交通车辆拥有率（标台/万人）

公共交通车辆拥有率是反映城市公共交通客运实际能力的另一个重要指标，就是在城市一定空间内每万人拥有的公共交通车辆标台数。

其中，一辆标准车按80客位计。单纯公共交通车辆的绝对数不能反映城市公共交通设施的水平，而要用单位人口拥有公共交通车辆数作为标准，在全世界范围内基本上均以每万人拥有公共交通车辆数作为标准。

3. 城市公共交通站点覆盖率（%）

公共交通站点覆盖率也称公共交通站点服务面积率，是公共交通站点服务面积占城市用地面积的百分比，是反映城市居民接近公共交通程度的又一个重要指标。

（二）城市公共交通的服务质量特性

城市公共交通在为乘客提供服务的过程中是否做到了高效、便捷、准点、安全、舒适和经济实惠，直接影响着乘客对其服务质量的评价效果。城市公共交通企业应通过加强管理，真正将“乘客至上”放在首位，不断提升服务水平，在为居民出行服务的过程中真正做到安全、迅速、准点、经济、方便、舒适和高效。

城市公共交通服务质量是指公共交通运输服务在满足乘客出行需要方面所达到的程度。城市公共交通服务质量特性主要包括安全性、及时性、准确性、经济性、方便性和舒适性六个方面。

1. 安全性

安全性是指客运车辆在运输过程中确保乘客的人身及财产安全，不发生人身伤害及财产损坏。无论是城市公共交通运输还是其他任何一种交通运输方式，安全运输永远是第一位的。任何一种交通运输方式，如果没有安全性作保证，是不会有乘客乘坐的。因此，对于城市公共交通运输而言，在对乘客完成空间位移的过程中必须要做到确保乘客的人身及财产安全。

2. 及时性

及时性是指客运车辆满足乘客所需要的合理时速要求的能力，可通过出行时耗、公共交通车辆运营速度指标反映。出行时耗为车内（乘车）时间和车外时间之和。乘车时间主要和公共交通车辆运营速度有关，而公共交通车辆的运营速度直接受到运营线路条件和交通环境的影响；车外时间包括到离公共交通站台时间、候车时间以及换乘时间，主要和公共交通的线路安排、站点布置有关。一个城市高水平的公共交通服务，就及时性而言必须将乘客的出行总时耗保持在合理水平，而要将乘客的出行总时耗保持在合理水平，就必须将公共交通车辆的运营速度保持在合理范围，过低的运营速度是不利于满足乘客的出行及时性要求的。在同等出行距离条件下，与其他交通方式相比，公共交通只有提供更加快捷的出行，才可能吸引更多的出行者。

3. 准确性

准确性是指客运车辆满足乘客到达计划站点所期望的合理时间要求及位置要求的能力。对于城市定线定站式公共客运车辆而言，既要求在线路起点准点发车且到达沿线各个站点的运行时间相应准确，也要求到达各个站点的位置相应准确。这里，到达沿线各个站点的运行时间相应准确的意义是要求城市公共交通车辆能够沿行车线路每趟按照计划时间在许可的范围内“均匀”到达各个站点，以防止客运车辆在一些站点在短时间内产生连续到达的“堆积”现象，而在另外的一些站点出现无车可乘的“断运”现象。实际中，在一些站点产生“堆积”现象后将给有限的运力造成浪费，而在一些站点产生“断运”现象后会给乘客的及时出行带来极大的不便。到达各个站点的位置相应准确的意义是要求城市公共交通车辆能够沿行车线路按照计划的停车站点，在许可的距离范围内停靠在各个站点，以防止运输车辆营运过程中不到站点就停车上下客，或到达该停的站点不停车，给乘客上下车造成不便。

城市公共交通车辆的行车准确性与企业调度管理、运营组织、车辆密度、道路条件、交通环境以及客流状况等因素密切相关，在其他因素一定的条件下，准确率越高，乘客对公共交通的满意程度亦会越高。

4. 经济性

这里的经济性主要是对乘客的出行费用而言的，是指乘客乘坐公共交通出行的费用支出要低。对乘客而言，合理、便宜的票价是公共交通吸引乘客的重要因素。因此，城市公共交通票价的制定既要兼顾运输企业的效益，又要考虑社会整体利益。而乘客所能接受的公共交通车辆票价的高低与其所在地区的经济收入水平密切相关。

城市公共交通是城市重要的基础设施，具有鲜明的公益性属性。在当前条件下，城市公共交通政策性亏损是普遍存在的现象。因而，政府应通过适当财政补贴的方式保证公共交通运输企业有“利”可图；而对于公共交通运输企业来讲，其票价的制定不能以营利为唯一目标，应以最大限度地满足人民群众的工作生活需要为首要原则，同时还需不断提高管理水平。

5. 方便性

方便性是指乘客在出行过程中乘坐公共交通工具的方便程度，包括就近乘车和换乘过程的便捷程度。具体表现为乘客因各种目的出行均有车可乘且换乘次数少，车辆、车站的各种服务标记、服务设施齐全等。影响乘客方便性的主要因素包括公共交通线路网络、站点布设的合理性，线路网络密度的高低，换乘系数的大小，发车频率的高低，大的工业区和住宅区是否有多个方向和不同功能的公共交通线路、不同容量的出行需求等。城市公共交通运输的方便程度对吸引乘客乘坐公共交通工具具有直接影响。

方便性指标具体包括公共交通出行比例、换乘系数、换乘距离、换乘站距以及发车频率等公共交通基本运营特征指标。公共交通出行比例从总体上反映居民对公共交通的选择程度；换乘系数、换乘站距则反映了公共交通线路布局和站点设置的合理程度，直接与乘坐方便性相关；发车频率影响着乘客的等车时间，发车间隔时间太长会影响居民对公共交通的选择。

6. 舒适性

舒适性是指城市公共交通公司为乘客乘车提供的舒适程度。主要表现为乘坐舒适性、上下车方便性和行驶平稳性。影响乘客乘坐舒适性的主要因素包括乘客的乘坐率、车内拥挤程度、车内气温和通风状况以及车辆行驶的平稳性等。

舒适性主要通过高峰满载率和平峰满载率反映。随着人们物质文化生活水平的提高和交通运输业的发展，人们对乘车过程中的舒适性要求不断提高，这就要求公共交通车辆车厢内的拥挤不能超过一定限度。此外，车型配置、车厢内部设施、线路非直线系数也对乘坐舒适程度产生影响。

三、智能背景下的公共交通发展

智慧城市的智能公共交通系统是基于智慧城市理念，在大数据的海量信息背景下，以互联网云技术服务的理念，结合新一代的互联网移动宽带、物联网技术等共同建设的。依托现代信息技术的发展，许多传统的思维模式已经被信息化、网络化、数字化的时代所取代。它们正在改变着人们的学习与日常生活方式，对城市交通的发展也产生了巨大影响。在此背景下，萌生出了智能交通系统。城市的智能公共交通系统是公共交通基础设施的核心组成部分。随着智慧城市的发展，公共交通的智能化发展成了一个良好的开端。由于城市发展，人口增多，城市交通规模的增大，对于公共交通系统来说，伴随而来的是乘车人群的扩大和公共交通线路分布范围的增大。原有传统系统已无法满足城市交通建设和人们的出行方式，更无法紧随时代的发展做出智能化的处理，来为人们提供智能化需求的出行方案。因此，智能公共交通系统的出行，智能技术手段如GPS全球定位、无线通信技术和智能终端显示灯为城市问题的解决提供了发展方向。智慧交通下智能化的公共交通系统应运而生。

智能公共交通系统结合了GPS全球定位系统以及无线通信技术，并利用了大数据手段，将信息进行整合来实现对公共交通系统的智能化调度，来实现车辆运营的可视化和信息化服务，并实现对乘客功能服务的完善化。智能化的调度指挥管理，不仅使各信息网络之间的信息得到极大的共享，也为推动智慧城市下的智能交通和低碳环保交通出行方式的建设做出了贡献。

智能公共交通系统为城市公共交通实现了智能化的调度，在传统的功能上，增添了如实时报站追踪、线路智能查询、到站预知提醒、公共交通候车亭内电子站牌的信息发布等功能；实现了公共交通系统管理者和公共交通系统的使用者的信息交流，提高了公共设施的服务能力；实现了资源的优化配置，降低了成本，提高了乘客的体验感受。

（一）智慧城市智能公共交通系统的构成

智能公共交通系统通过各个系统的协调运作实现了其智能化的管理与运用。由中心控制平台、前端信息采集设备、网络传输和显示终端组成。各系统协同运行，实现对城市智能化体系的管理与应用。

中心控制平台：它是智慧城市下智能公共交通系统的“大脑”。中心控制平台可以通过远程控制来实现对运行车辆的监管、调度等，还可以收集车辆运行信息，实现对搜集数据的分析整合，起到中心控制管理的作用。

前端信息采集设备：前端信息的收集利用了多种信息传感器，包括车辆设备中的监控摄像头、公共交通候车亭内的电子监控等设备，以完成前端设备对数据的采集与传输。

网络传输：通过无线信息技术和移动通信技术对公共交通系统进行智能定位、数据传输，实现各终端与控制中心的互联。

显示终端：显示终端是集显示设备与移动通信设备和移动 App 于一体的智能终端系统。以公共汽车为例，通过显示终端，可以实时地获取站台信息、公交汽车的实时位置信息和到站时间，可以使乘客通过智能乘车 App 获取更方便和更准确的乘车计划，不用再为等车而耽误较多的时间，也不用为错过一班车而感到烦恼或耽误行程。信息终端设备的应用提高了乘客的出行效率，可以让乘客充分感受到城市信息智能化带来的生活体验。

（二）智慧城市智能公共交通的功能分类

智能公共交通系统在前文中有所提及，是指通过先进的科技手段来实现智能化的管理系统。智能公共交通系统有着更加丰富的体系，较传统公共交通系统有了很大的提升。智能公共交通系统的功能分类有以下几种方式：

1. 面向城市交通管理系统的功能

（1）信息及图形采集存储功能

通过控制中心的远程操作管理来实现对城市交通系统的信息采集和处理，并将信息上传至城市控制中心存储，做好信息数据智库的存储。

（2）车辆行驶路线的记录

在车辆运行时，车辆本身的系统终端与控制中心相连接，实时上传并记录车辆的行驶路线。

（3）自我检测功能

通过对前端信息的检测，智能城市公共交通系统可以自查当前的工作状态，确定是否安全。控制中心前端的指示设备会显示当前工作状态是否异常，如果异常会发出警报。还可通过信号指示灯或者显示屏直接将信息上传至控制中心，可以及时地对故障进行排查并做出解决对策。

(4) 定位功能

依靠GPS技术对车辆进行实时定位，并且可以指导车辆按固定的时间间隔和指定的时间进行行车。还可以对车辆经纬度、时间、速度和方向等信息进行查询。

(5) 终端故障提醒功能

当终端主机和外部连接设备出现异常连接故障时，会将信息及时传至智能监控中心，智能监控中心提出解决办法。

2. 面向驾驶员的功能

(1) 车辆驾驶者身份核实功能

公共交通车辆驾驶人员在工作前可以通过IC卡信息识别出驾驶员的从业资格状态，并将其信息上传至控制中心备份，确保车辆驾驶者的状态稳定。

(2) 线路偏离警报功能

当公共交通运行偏离所行驶的区间范围时，可将车辆行驶路线轨迹上传至控制中心，以获取当前行驶路线及状态。

(3) 超速报警提醒功能

通过对控制终端进行检测，获取当前公共交通车辆的运行状态，超速时发出警报并提醒驾驶者当前状态危险。

(4) 疲劳驾驶警报功能

驾驶员如果超过了行驶规定的时间范围，车辆警报终端会发出语音提示，远程监控系统也会设定合理的驾驶时间；如若超过时长，监控中心也会监控到驾驶员的疲劳驾驶的状态，并语音提示驾驶员休息。

(5) 车辆报警功能

在车辆行驶过程中若出现紧急事件，例如遇到突发事件或交通故障等，车辆设施的警报系统将会把故障信息以及紧急情况进行上报。同时远程控制中心将获取车辆的位置信息，以提供解决方案。

(6) 交互系统功能

车辆与驾驶员的交互是通过语音设备和显示设备来实现的，驾驶员可以通过交互设备来获取信息，从而更好地对车辆进行控制和驾驶。

3. 面向乘客的功能

(1) 公共交通信息智能查询功能

主要以智能查询系统为核心，它是传统公共交通系统质的飞跃。智能查询系统面向的是公共交通候车亭的候车人群，可为乘客提供公共交通系统的有关信息，如路况、车辆进站情况、车辆行驶状况等；还可为候车人员提供信息化路线查询，更便于人们对出行路线的选择。智能电子查询系统为大众提供了智能化服务，其中通过移动终端的 App 软件，也可以获取相关信息。公共交通候车亭内的智能电子公共交通站牌能够为乘客提供海量的服务信息，方便人们智能化出行。让出行者感受到信息化带来的智慧化城市生活。

（2）车辆到站提醒和显示功能

公共交通候车亭的智能站牌所提供的车辆到站信息查询以及车辆换乘路线指南为候车人群提供了便利，解决了人们关心的等待时间和换乘查询问题。对路线的行驶轨迹的查询，对车辆的实时定位，到达下一站所需的时间预测等，也是智能公共交通站牌的创新功能。

（3）信息实时获取功能

对交通信息的实时获取是出行的人们较为关注的方面，其中例如天气信息、周边服务信息、周边购物场所信息等也在智能电子站牌中体现，极大地便利了候车人群的生活。

（4）影音娱乐播放功能

候车人群在候车时难免无聊，影音播放功能解决了候车人群候车无聊的问题，为乘客乘车或候车时提供了娱乐体验。

（5）站点播报功能

乘客有时会遇到错过车、坐过站的问题，语言实时播报系统以及车辆状态显示功能、对车辆停靠状态信息的获取和对车辆位置信息的了解提供了这些问题的解决办法，让乘客及时获取位置信息和车辆停靠信息等，避免了上述情况的发生。

（6）无线上网功能

无线通信技术的普及，对候车人群的无线通信功能提供了技术来源，乘客可以通过手机终端连接无线热点来进行上网，方便了人们的生活。

城市智能公共交通系统为城市公共交通管理者提供了对车辆进行实时管理、对公共交通车辆路线的优化调度的技术支持，有利于实现资源的优化配置和人力资源的合理利用，为城市居民提供了便捷的乘车感受，方便了市民对乘车信息和其他服务信息的查询，提升了城市交通服务的质量，为人们的生活绘制了美好的蓝图。智能公共交通系统会随着智慧城市的发展而继续完善。上述对智能公共交通系统的概括论述，为笔者对智慧城市背景下公共交通候车亭的设计指明了研究方向，对撰写智慧城市下公共交通候车亭的设计提供了技术理论支撑，有利于设计出更好地服务于大众的公共设施。

第六章　城市快速道路交通控制与管理

第一节　匝道控制的基本方法

快速道路上常用的控制方式有匝道控制、主线控制、通道控制，其中匝道控制是应用最广的、效果最好的一种控制形式。

一、入口匝道控制概述

入口匝道控制的基本目标是控制快速道路的交通需求。它以快速道路主线交通流为控制对象，以匝道入口流量为系统的输入控制量，通过计算匝道上游交通需求与下游道路容量差额来寻求最佳入口匝道流量控制，从而使快速道路本身的交通需求不超过它的容量，使快速道路主线交通流处于最佳状态。这样一来，一些期望使用快速道路的车辆，在允许它们进入快速道路之前将要求它们在入口匝道上等待。如果不想在入口处等待，它们可以选择不走快速道路，或者从另外一个入口进去，或另选一个时间再进入。

由上可知，入口匝道控制的结果是通过把快速道路上的延误因素转移到入口匝道，从而在快速道路上维持一个既不间断也不拥挤的交通流，也就是把超量的车辆转移到其他可替换的道路上，或者转移到需求较低的其他时间，或者采用其他运输方式。

（一）作用

入口匝道控制，一般被认为是快速道路的主要交通控制措施，它的作用是：

（1）减少快速道路主线上所有车辆的行程时间；（2）减少通道内全部行驶车辆的行程时间；（3）消除或减少车辆汇合中的冲突和事故；（4）由于改善了交通流的平稳性，因此减少了车辆运行的不舒适感和对环境的干扰。

（二）遵守的条件

入口匝道控制的作用可以是上述作用中的一个、几个或全部。为了取得良好的控制效果，遵守以下条件被认为是必须的：

（1）若要求减少行程时间，则应有其他具有通行能力的路线可供选择来为快速道路起到分流作用，否则车辆将被迫阻塞在匝道上，这样就需要在快速道路上游很远的一些匝道中寻找入口。另外，也可利用与快速道路连接的沿街道路或平行的干线道路的通行能力；（2）必须有适当的储备空间可为等待匝道信号的车辆所利用；（3）为节约行程时间，在快速道路下游出口处必须有可供利用的通行能力存在，否则益处较少；（4）车流起讫必须适当，不然使用短程快速道路（如1~2km）将意味着车流分散小。

二、入口匝道控制方法

入口匝道的控制所获得的运行效益是以通道内其他替换道路上交通问题的加剧为代价取得的，前者必须比后者代价大，入口匝道控制才是值得的。本文只研究快速道路的匝道控制，因此需假定这种代价是值得的，也假定在通道上有足够的额外容量，能够实现这种控制。

入口匝道控制包括匝道调节和匝道关闭两种形式。匝道调节是在匝道上使用交通信号灯对进入车辆实行计量控制，也可通过收费站的收费车道开放数来调节进入快速道路的车辆数，单位时间内允许进入的车辆数称为匝道调节率。匝道关闭可通过自动栏杆、交通标志、人工设置隔离墩把某些入口匝道关闭。

入口匝道调节的方法很多，主要分为以下几类：

（1）入口匝道定时调节；（2）入口匝道感应（动态）调节；（3）入口匝道汇合控制；（4）入口匝道整体定时调节；（5）快速道路入口全局最优控制。下面将逐一讨论各类控制方法。

（一）封闭匝道法

在以下情形下可考虑匝道封闭：

（1）互通式立交非常接近，交织问题十分严重的地方；（2）有较多车辆要在匝道上排队，但没有足够长度容纳排队车辆的匝道；（3）附近有良好的道路可供绕道行驶。

封闭匝道这种方式缺乏灵活性，其缺点多于优点，一般不采用。然而，在高峰交通量条件下的一些时段，封闭入口匝道在某些城市，如美国洛杉矶、休斯敦等地的使用已获得成功。实际上，封闭匝道对控制交通量的作用极有限，且会引起公众强烈不满。采用“封闭”来控制匝道不是好办法，用“调节”来实现匝道控制要好得多。

（二）入口匝道定时调节

定时调节是指调节率预先给定的，在某一段时间的运行是固定不变的。这种控制方式的特点是它不随入口匝道的交通流量变动而改变，而是根据历史情况的调查掌握交通流的统计情况，把一天划分为若干个时段。假定每个时段内，交通流状况近似不变，以此作为依据来确定每个时段内一组不变的入口调节率，使某项性能指标最优。入口匝道调节率的确定主要依据匝道上游需求、下游容量、匝道需求，以及调节率的上下约束条件、道路条件等因素来确定，对于交通流在一段时间内波动不大时，其控制作用是明显而有效的，显然它主要用于预防快速道路上的常发性拥挤。定时调节很容易实现多个匝道口协调控制，控制运行安全可靠，使用设备少，是目前应用最广的匝道控制技术。

1. 定时调节系统组成

（1）信号灯

信号灯采用两色（绿、红）或三色信号灯，其中三色信号灯较为少见。红灯禁止进入；绿灯准许进入；绿灯后的短时间黄灯信号是为了避免红灯突然出现时驾驶员紧急制动造成追尾事故。信号灯应设置在匝道左侧。由于大型货车常常会遮挡一侧信号灯，最好在匝道两侧各安装一组信号灯，同时工作，互为备份。信号灯高度与驾车员眼睛同高为宜，一般为1.3~1.8m。在接近坡道、转弯及排队车辆可能遮挡视线之处，可用高架或悬臂把信号灯适当加高。有的信号灯也会安置在匝道的正上方。信号灯在匝道的位置要适当，至汇合处必须有足够的距离（一般为60~150m），以允许车辆到达汇合区时能加速到一定安全速度，信号灯至匝道入口之间也必须有足够的停车排队空间（一般为60~76 m）。

当匝道不实行控制时，信号灯可以关闭，也可一直亮绿灯，但较合理的方式是采用持续的绿灯和非调节运行的统一指示。

（2）匝道控制标志

在匝道起点附近设立提前警告标志，告诫驾驶员前方匝道是否处于控制中。提前警告标志可采用告示“闪光时匝道调节”板前装置闪光灯方式。提前警告标志距匝道信号灯前至少有60m以上的距离。

在信号灯柱上设置指示到达信号灯时应采取什么样的行动标志。这种标志语句可为“红灯时在此停车”或“在此等候绿灯”，对于采用单车调节的地方，设置“一次绿灯放行一辆车”标志也是必须的。

（3）路面标记

匝道控制系统的路面标记用于向车辆指明“登记”（需求）检测器的位置，并便于单车驶入检测区。路面标记一般包括停车线和把车辆引导到指定位置的标线。标线应采用反光型，停车线应与信号灯保持一定的距离，一般为3~4.5m。

（4）控制器

定时调节控制器是把预先确定的不同时段的调节率存入控制器，控制器将按照设定的控制方案操作信号灯，按固定的周期及各灯色时间轮流开启信号灯，实现匝道调节。

定时匝道控制器结构简单，一般由微处理器或集成电路构成。需要时，也可以与匝道检测器相连，改进定时调节的效果。定时控制器与主线检测器及其他匝道的调节系统一般无联系。

（5）检测器

定时调节一般不需要使用匝道检测器，但为了改进定时调节的效果，例如，在停车线上检测到一辆车之前，信号一直保持红灯，当检测到之后，只要最小红灯时间一结束，匝道调节信号就变为绿灯，减少车辆因调节带来的延误，可在紧靠停车线后方埋设需求检入检测器；为保证单车进入，可在停车线前方2.4m处，设置通过（检出）检测器，一旦通过检测器感应到一辆车，绿灯就结束；也可在信号灯前的某个关键点，或在前沿街道上设置排队长度检测器，当它感应到，就表明在匝道信号之前有一个车队在等待，并已达到要影响前沿街道或平交街道的地步，此时需要提供一个较高的调节率以缩短排队长度。

检测器多用存在型的环形线圈式检测器，线圈宽度与匝道宽度成比例。对于检入检测器应有足够的长度，以便能够测出没有准确地停在停车线前的车辆，但也不能过长，以防止测到两辆等候的车辆。

2. 定时调节方法

在定时控制系统中，匝道信号以固定的周期运行，这些周期是根据为特定的控制时段规定的调节率计算的。而周期中红黄绿信号的配时取决于所使用的调节形式：是单车调节还是车队调节。

（1）单车调节

匝道调节信号配时规定在每个绿灯时段只允许放一辆车进入快速道路。因此，在一个周期中，绿灯加黄灯（如果不用黄灯，就只有绿灯）时间（一般为3s）只允许一辆车通过，其余为红灯时间。例如，如果采用的调节率是600 veh/h或10 veh/min，那么绿灯加黄灯的时间为3s，红灯也为3s。如果采用的调节率是300veh/h或5 veh/min，那么绿灯加黄灯的时间为3s，红灯为9s。

（2）车队调节

当要求调节率大于900 veh/h时，必须采用每周期允许两辆或两辆以上的车辆进入快速道路，称这种方式为车队调节方式。对于车队定时调节，要根据所要求的调节率和每个周期要放行的平均车辆数来确定周期。例如，在调节率为 1080 veh/h，即在 18 veh/min 的情况下，并且每个周期放行 2 辆车，则每分钟安排 9 个周期。因此，周期长度为 6.67s。同样，若每个周期放行 3 辆车，那么周期长度约为 10s。

但是，周期内各灯色间隔时间还要取决于所使用的车队调节类型，即串行调节或双列调节。

在串行调节时，车辆是一辆接一辆放行的，因此要有足够长的绿灯加黄灯时间，以便允许每个周期内要求放行的车辆均能通过。为尽量减少可能的追尾事故应使用黄灯信号。这样，对于周期长为 6.67s 的双车调节，绿灯和黄灯时间为 4.67s，红灯时间为 2s。而对于周期长为 10s 的三车调节，绿灯加黄灯时间为 7s，红灯时间为 3s。经验表明：双车调节是令人满意的，而三车调节是适用范围的最大限度。在这两种情况下，期望的最大调节率可达到 1100 veh/h。

所谓双列调节，就是指每个周期并列放行两辆车。这种调节形式要求在入口匝道上有平行的双车道，并要求在匝道调节信号以后有足够的距离供两辆车在汇入快速道路交通流之前能排成串行队形。双列调节周期内各灯色的配时和单车调节类似，绿灯加黄灯时间（通常为 3s）刚好足以允许每条车道放一辆车通过停止线，其余时间为红灯。双列调节可以达到的最大调节率约为 1100 veh/h。

必须指出，和单车调节相比，车队调节有一些缺点，例如，驾驶员更加慌乱，追尾事故的可能性更大，更有可能中断快速道路上的车流。因此，一般不采用车队调节，除非确实必须达到更高的调节率。在车队调节形式中，一般倾向于采用两车并行调节方式，因为它不易引起司机的混乱，并能提供更安全的运行。

定时调节有若干优缺点。最重要的优点是它能为驾驶员提供一种可靠的并迅速适应的情况。主要缺点是系统不能适应在一时段内下游道路可能因某种事件引起容量有所下降，上游需求可能超过预定值等变化。所以，一般设定的定时调节率都要使运行的交通量略低于道路容量，如可取下游容量为正常值的 0.9 倍，以防止因交通的随机变化所带来的拥挤。

（三）入口匝道感应（动态）调节

定时调节是根据以往观察到的实际交通状况，按预先设定的调节率进行控制的。因此，它对交通的突然变化毫无反应，总是按照预定的程序变换信号灯色。即使把定时调节的时段划分得再多，适应性再强，它也无法应付交通量无规律的匝道口和偶发事件引起的拥挤。

感应调节方式可以在一定程度上克服定时调节的弊端。其特点是调节率的变化不再依赖过去观测到的交通状况，而是依赖现场检测的实际交通状况，以实时检测到的交通数据为依据来确定匝道调节率，因而能适应交通流的随机变化。它是根据速度、密度、流量这三者之间的关系实时测定快速道路的运行状态，通过调节入口匝道流量，使反映快速道路的运行状态的基本交通变量的值保持在交通流曲线上的不拥挤交通流区域的规定点上，防止或消除快速道路上的拥挤。

1. 入口匝道感应调节的基本原理

入口匝道感应调节率的确定与定时调节率的计算方法相同，都是根据需求-容量关系计算而得到的，不同的是，感应调节率的选择是对现行的而不是历史的“交通需求-容量”条件作出的反映。

在快速道路上和匝道上都装有检测器，以取得交通信息。根据不同的控制方案，通过本地控制器或中心计算机，实施限流控制，限流率可依据交通信息进行相应的调整。匝道调节可看作对快速道路、匝道和匝道引道上交通监视的一种反应。控制方案的大量变量可根据交通参数的各种组合获得。

快速道路上的交通量检测器可以是简单的通过型检测器，也可以是最常见、最有用并可用来测量平均速度和占有率的存在型检测器。

2. 入口匝道感应控制的方法

入口匝道感应控制的方法有：交通需求-通行能力控制、占有率控制和路肩车道间隔控制等。

（1）占有率控制

占有率控制的原理是对匝道的上游或下游的占有率进行实时测量来估算下游剩余容量，再来确定入口匝道的调节率。为此需要建立交通量和占有率的关系，一般是通过在占有率测量点采集的历史数据来建立其近似曲线。限流率根据与占有率有关的交通参数（如流量和速度的历史记录资料）进行校核，这些历史记录资料使控制器能够从反映现实情况的占有率测量值中选择合适的限流率。

（2）路肩车道间隔控制

路肩车道间隔控制仅以路肩车道测得的交通量为控制基础。它将测得的上游路肩车道交通量与下游路肩车道交通量进行比较，将显示是否有能为交汇车辆利用的车辆间隔，限流率也可相应地配置。交通感应调节的主要优点是可以适应交通流的变化。这种调节有助于减少因短期变化产生的对交通需求的不利影响，同时降低事件引起的对道路容量的不利影响。它一般比定时调节系统所获得的效益高5%～10%。但是，为了保证有效的控制，交通感应调节系统必须具有一套监视设备和后备设备。

(四) 入口匝道汇合控制

汇合控制是一种微观控制方法，并以安全为控制原则。汇合控制的基本目标是通过使入口匝道车辆最佳地利用快速道路间隙来改善快速道路交通流的分布及运行。汇合控制期望使大量的入口匝道车辆安全地汇合而不引起快速道路交通的明显间断。其方法是根据快速道路外侧车道车流间隙的长度来决定能否放行匝道车辆，只有当检测到上述车流间隙长度不小于可插车间隙时，才允许匝道车辆进入快速道路，这样能保证匝道车辆及时、安全地汇入快速道路车流中。汇合控制系统实现的入口匝道调节率完全取决于检测到的主线车流间隙数目。

这种控制使快速道路上的车流间隙得到最佳利用。

汇合控制希望通过向驾驶员提供其进入快速道路时需要配合的时间、地点方面的信息来改善入口匝道处的汇合运行。汇合运行的过程为：

①检测快速道路上的可插间隙；②估计这个可插间隙到达入口匝道汇合点的时间；③引导匝道车辆进入这个可插间隙。

汇合控制系统有可插间隙汇合控制系统、移动汇合控制系统两种基本类型，两者的区别在于对匝道车辆引导方式不同。另外，还有一些混合类型，例如，可插间隙和需求-容量控制系统，下面分别加以介绍。

1. 可插间隙汇合控制

可插间隙汇合控制是一种比较简单的汇合控制方式，它把普通的匝道调节信号用于引导匝道车辆。当设置在主线外侧车道上的间隙/速度检测器检测到有一个足够大间隙（和最小可插间隙相比）以及该间隙移动速度时，匝道控制器计算出可插间隙到达汇合区的时间，并在适当时间控制匝道调节信号灯由红变绿，等候在匝道停车线上的车辆立即启动，开始汇合过程。只要保持平均的速度和加速度，该车辆就能够在被测出可插间隙到达汇合点的同时也到达该点，顺利汇入车流。

可插间隙汇合控制一般只采用单车进入调节，但当入口匝道需求超过单车进入调节所能达到的最大调节率（12～15 veh/min），并且快速道路外侧车道有很多可供利用的大间隙时，可在一个绿灯信号期间允许1辆、2辆或3辆车通过匝道信号，实行车队调节。某个绿灯时间允许通过的车辆数取决于可插间隙的大小。因此，车队调节系统的控制器必须能识别比几个预计值大的间隙，并能提供允许 1 辆车、2 辆车或 3 辆车进入的调节信号灯。车队调节率上限不超过 1100 veh/h。

在实际使用时，必须注意到，当快速道路出现拥挤时，由于车流行驶速度低，连续的车辆之间的小间隙会形成很大的车间时距，如果以此为依据来控制匝道信号灯，就会有许多车辆被放行而进入拥挤的快速道路，当然这是不允许的。所以，如果快速道路交通流速度低于某预定值时（如 40km/h），就应该以最小调节率控制匝道车辆（一般为 3~4veh/min）。

最小可插间隙是指两个相随的车辆的车头间隔时间足够一个入口匝道车辆汇合进入的最小车头间隔时间。影响最小可插间隙的因素很多，一般是：

（1）快速道路和入口匝道的几何形状；（2）车辆加速特性；（3）驾驶员的水平；（4）交通条件；（5）天气条件。

由于货车和公共汽车的加速特性差，因此在这两类车比例大的入口匝道，应考虑使用一种慢速车辆检测器来测量车辆从匝道停车线行驶到该检测器位置所用的时间。如果这个行驶时间大于预定值，说明是慢速车辆，控制器就使匝道信号灯保持红灯，直到交汇区检测器被激发出信号为止。

2. 移动汇合控制

在可插间隙汇合控制系统中，如果放行车辆的加速度、速度掌握不当，就不能与被测出间隙同步到达汇合点，则汇合出现困难与混乱。为此，出现了利用匝道左侧面带有绿色光带的显示器，向匝道车辆提示快速道路外侧车道的可插间隙移动情况。车辆跟随光带的移动，则有助于掌握加速度和速度，有利于顺利汇合。此外，在光带旁设有标志指示本匝道运行是否处于控制状态下；指示光带移动速度是××km/h；指示“小心汇合”。

移动汇合控制有移动模式、停车的可插间隙模式和定时调节 3 种模式。移动模式适合于快速道路流量较小的情况，此时控制系统实时监视主线外侧车道的每个间隙的大小和移动速度，控制匝道左侧面绿色光带显示器，引导驾驶员和可插间隙同时到达汇合点。同时，匝道入口的速度标志给出匝道车辆行驶的建议速度值（绿带移动速度），帮助驾驶员及时安全完成汇合。绿带移动速度是根据快速道路外侧车道 3min 的平均速度和交通量而定的。

随着快速道路交通量的增加，速度下降到某值时，此时控制系统换用停车的可插间隙状态。在该状态，匝道信号保持红色，直到一辆匝道来车到达检入检测器；然后，控制器确定是否有可插间隙，如果有，则控制系统就开绿灯，放行这辆等待驶入快速道路的汽车，并在改变绿灯前，在匝道左侧显示器上显示一个加速的绿带；如果在预定的时间内没有可利用的可插间隙，交通信号灯给绿色放行该车辆，但不显示绿带，只显示“小心汇合”警告标志。

当快速道路流量继续增加，超过某一标准时，该系统转为定时调节方式。若有车辆到达检入检测器处，由控制器控制，经过一定延迟后（根据调节率）信号灯变绿色，允许该车放行。当该车通过检出检测器后，信号在经过0.5s黄灯后恢复为红灯。

为了使汇合更安全，可在匝道埋设一套检测系统，控制器根据匝道检测器的检测结果，实时计算出进入车辆长度、速度和到达交汇点的预计时间，然后计算出它与主线上可插间隙之间的偏差。根据此偏差，通过设在匝道左边的一长串标杆灯（沿匝道方向，每隔一定距离设置一个灯泡，每次只亮一个灯）进行动态引导该车前进（称为步进系统），实行闭环控制，只要驾驶员跟得上标杆灯光的移动，则可安全进入一个可插间隙，汇入主线车流。

3. 可插间隙和需求-容量控制

这种方法综合了交通需求-容量和可插间隙两种控制方法。匝道调节率按照交通需求-能力差额原理来确定，但以此调节率放行的匝道车辆要与可利用的可插间隙相符合。该方法解决了需求-能力差额控制方法无法确定匝道最佳放行车辆时间的弊病。

4. 汇合控制系统的评价

汇合控制系统的主要目的是改善汇合安全，最佳利用快速道路的可插间隙，其效益类似于交通需求-能力差额控制。它与交通需求-能力差额感应调节系统比较如下：

（1）汇合控制可得到比较平滑的交汇运行，车辆由匝道调节信号处到达交汇区所需时间短；（2）汇合控制的匝道车辆放行是根据检测到的可插间隙来确定的，因而控制运行方式没有规律，排队等待时间较长（调节率在4～15 veh/min变动），违章车辆率较高；（3）需求-能力差额感应调节可得到较高的调节率和较大的入口匝道流量；（4）当驶入匝道具有良好的加速车道等几何形状时，则采用定时调节、需求-能力差额感应调节，可获得良好的经济效果，无须采用汇合控制系统；（5）对于因视距不良、不适应的加速车道、坡度等造成的交汇困难的快速道路，采用汇合控制是有利的；（6）汇合控制需增加较多设备，系统成本昂贵。

（五）入口匝道整体定时调节

当一条快速道路存在多个入口匝道时，应注意统筹考虑各个匝道的调节率，实行整体控制。这是因为匝道之间是相关的，前后匝道调节率间相互影响，当改变一条匝道调节率时，就会影响系统中的其他匝道。

所谓入口匝道整体定时控制，是指把单个入口匝道定时调节应用于车流运行存在相互依赖性和影响的上下游一系列入口匝道。这时，各个匝道的调节率是根据整个系统的交通需求-能力差额来计算的。

入口匝道整体定时控制是基于交通流每日变化大体一致，在一个时段内交通流近似于均匀，可以认为是稳态的，因而可以把一天划分为若干时段（大约每段为15min或更长）去控制。

（六）快速道路入口全局最优控制

快速道路定时段入口控制不能消除由于意外事件引起的偶发性交通拥挤。要解决这一问题，就需要实行动态控制，即实时检测现场交通信息，依此决定入口调节率。前面介绍的单个匝道动态控制，根据局部检测数据（占有量、流量或速度）确定单个入口匝道的调节率，简单实用，但不能保证整条公路全局性能最优。全局动态控制把一条路的多个入口匝道统筹考虑，确定一组调节率，使某种形式的全局性能指标最优。

三、出口匝道控制方法

出口匝道一般采用以下两种方法：

①调节驶离快速道路的车辆数。②封闭出口匝道。

第一种方法不是一种有效的方法，唯一的有利之处是缓解了接近快速道路交叉口的交通拥挤程度。不过，这将意味着要承担一些交通事故风险，因为在信号灯前停车，车辆急剧减速有发生滑行和造成尾端冲撞的危险，且使等待驶离快速道路的车辆排队从信号灯后向后延伸到快速道路上。

第二种方法可以显著减少车辆在该处交织及随之而带来的交通安全问题。特别是一个出口匝道到连接着一个大型互通式立交的沿街道路或者近郊道路的距离较短时（小于0.8km），封闭出口匝道是一个很实用的解决方法。

为快速疏解出口匝道的排队，还可以通过有针对性的调节地面交叉口的交通管理和信号控制策略，为匝道流出方向提供更高的通行能力，实现出口匝道与地面道路的协调控制，避免因出口匝道排队上溯到主线，引起更大范围的拥堵。

第二节　快速道路的智能交通控制

一、快速道路智能交通控制概述

快速道路控制是快速道路管理的核心内容之一。快速道路交通管理的最高要求是对快速道路交通系统进行控制，从而有效地提高快速道路的通行能力。过去的交通管理系统限于被动的交通控制系统，而现代智能交通管理系统是一种主动控制的综合交通管理系统，包括实时地检测突发事件（如由事故和施工单位产生的拥挤和堵塞等）和旅行时间等交通状况以及交通信息显示系统。

快速道路交通控制的主要内容如下。

（一）控制重点

快速道路的交通需求有一个最佳的密度和车速，低于此车速就容易造成时停时开的不稳定车流，像市内交通一样，既浪费运行时间，又容易导致交通事故。所以快速道路控制的重点是控制出入口，以保持车速—密度—间距的最佳组合。

（二）控制措施

快速道路交通控制是提高行车安全和交通效率的有效途径，一般采取如下措施控制。

（1）为了预防自然阻塞，当交通量超过道路通行能力时，实行入口控制，禁止车辆驶入快速道路。（2）当快速道路发生交通事故或遇有其他紧急情况时，为解除由此产生的阻塞，实行驶出、驶入控制。

（三）快速道路交通控制原理

在交通控制系统中，控制对象是交通流，这意味着可以把交通流视为一个可控工程，该过程有其自身特定的运动规律。认识其规律即建立数学模型，是分析和控制系统的基础。快速道路的控制是由道路、车辆、驾驶员及环境条件等决定的。交通控制系统是动态预测、动态控制的基本模式，是通过对交通状况的预测、调整控制参数来优化交通流，以改善交通状况。控制设备主要包括交通信号灯（快速道路入口处的控制信号灯）、可变限速标志和驾驶员信号系统。控制所遵循的策略由交通控制器（微型计算机）制定，交通控制器根据交通模型和特定的性能指数以及实际的约束条件，经过优化计算，来确定特定的控制策略。系统状态变量（交通流量、密度、速度、入口排队长度等）是通过安装在快速道路上的检测装置（如环形线圈式车辆检测器等）检测得到的，考虑到检测信号中必然含有随机干扰，因此，原始数据须经过必要的滤波处理，反馈给控制器，使交通流能运行在最佳状态附近。

快速道路智能交通管理系统中的控制方法和自动控制技术的发展有着密切的联系，随着自动控制新技术被不断地应用于交通控制方法，智能的、先进的和有效的交通控制方法也不断地涌现，更加有效地提高了快速道路的通行能力。

快速道路交通系统是一个复杂的包含人、车辆、道路交互作用的社会系统，其控制方法包括匝道控制、主线控制、通道控制等。控制策略的优化方法随控制理论的发展经历了线性规划、最优控制、次优控制、分层递阶控制。从数学动力模型来考察，交通控制系统是一个非线性时变系统，交通控制系统的抗干扰能力，即系统的鲁棒性较差。交通控制系统在没有出现突发事件时可以实现优化交通的目的，但是一旦出现非正常交通时，交通控制系统往往无法适从，甚至会出现交通混乱的情况。许多专家致力于交通控制系统的自适应控制的研究，在某一方面取得了较好的控制效果，但从总体效果来看，其研究是非常有限的，许多问题亟待解决。

交通控制理论是随着自动控制理论的发展不断进步的，而自动控制理论本身也是20世纪中形成和发展起来的一门新兴学科，它是一门涉及数学、计算机、信息、电工等众多领域的交叉学科。交通控制理论是在交通领域内自动控制理论结合检测技术、通信技术及视频技术的具体应用。其发展是随着其他学科的发展而进步的，特别是随着自动控制理论的发展而发展。自动控制经历了经典控制理论到现代控制理论等阶段，现在发展到了智能控制。交通控制理论从当初的定时控制，发展到全局动态控制，并朝着智能化的方向发展。复杂的交通控制系统问题是很难凭借单一的控制模式，仅采用数学工具或计算机仿真来解决的。人们在实际控制过程中看到熟练的调度人员、技术人员或专家却能很好地控制交通，如果把调度人员、技术人员或专家的经验知识和控制理论结合起来，这相当于人直接参与交通的控制，使控制的效果达到超过人的管理水平，这种方法就称为智能交通控制，这也是交通控制目前发展的方向。

智能控制器具有分层信息处理和决策机构，它实际上是对人神经结构或专家决策机构的一种模仿。在复杂的大系统中，通常采用任务分块、控制分散方式。

智能控制器具有以下特点。

（1）智能控制器具有非线性。这是因为人的思维具有非线性，作为模仿人的思维进行决策的智能控制也具有非线性特点。(2) 智能控制器具有变结构特征。在控制过程中，根据当前的偏差及偏差变化率的大小和方向，在调整参数得不到满足时，以跃变方式改变控制器的结构，以改善系统的性能。(3) 智能控制器具有自寻总体最优的特点。由于智能控制器具有在线特征辨识、特征记忆和拟人特点，在整个控制过程中计算机在线获取信息和实时处理并给出控制决策，通过不断优化参数和寻优控制器的最佳结构形式，以获取整体最优控制性能。

由此可见，智能控制系统适合于含有复杂性、不完全性、模糊性及不确定算法的生产过程，快速道路交通控制系统的动力模型显然具有上述特性。现在许多学者致力于智能交通控制策略的研究，虽然智能控制理论本身还处于发展阶段，但交通控制的研究表明智能控制是解决交通控制问题的有效途径，同时通过在交通控制中的应用反过来促进智能控制理论的进步。

二、快速道路智能交通管理控制系统

（一）快速道路智能交通管理控制系统的体系结构

快速道路智能管理控制系统是由采集控制层、通信链路层、交通管理层和交通预测决策层组成，每一层作为上一层的基础，接受上一层的控制和管理指令，同时将控制结果、各控制参数和管理信息返送到上一层。

快速道路智能交通管理控制系统是一项涉及众多组织协调合作、共同研究、开发、实施、调控的大系统。快速道路智能交通管理控制系统的系统结构决定快速道路智能交通管理控制系统的技术应用和有关信息要求。快速道路智能交通管理控制系统将智能化地收集交通数据，分析这些数据，并将交通控制信息反馈给交通管理系统的管理人员或驾驶员。借助这样的交通信息，系统的管理人员或车辆驾驶员能作出反应，使交通状况变得更加有序。

（二）数据采集和控制层

数据采集和控制层是整个快速道路智能交通管理控制系统的最底层，负责信息的采集和设备的控制，这一层直接与交通设备相连，完成以下功能。

交通信息采集：道路交通量、占有率、车辆速度、车型分类、车辆间距。

天气信息：道路截面的温度、湿度、风力、雾天能见度等气象信息。

收费信息：各收费车辆的收费资料。

交通控制信息：控制车道控制器、可变情报板、限速板。

路面养护信息：特定点路面参数（弯沉、变形、局部裂缝、平整度、磨耗、抗滑等）。该层由以下系统组成：

1. 快速道路交通数据采集系统

通过各种传感器采集系统分析所需的车辆信息、速度信息、道路占有率、天气信息、水位信息、电视摄像机及辅助设施等各种信息。

车辆检测器检测主干线上通行行驶车辆的交通信息：交通量、平均速度、占有率、车头距等，是高级应用软件分析，是提出交通控制策略的主要数据。通常的设备有：环形线圈检测器、磁性检测器、雷达检测器、超声波检测器、发光检测器、红外线检测器及通过车辆图像处理系统等。

气象信息检测器主要用来观测气温、浓雾、风向、风力、雨量、能见距离、路面积雪、路面冰冻及路面下不同深度的温度。电视摄像机是数据采集系统中最为重要的交通信息采集装置，它通过直观的图像信息可以及时处理快速道路出现的交通问题。

2. 快速道路交通控制系统

根据交通分析结果和管理要求，对车道开、停等进行控制和对信号灯进行控制。一般有主线控制、进口或出口控制和交通走廊控制。

3. 收费车道控制系统

收费车道控制系统是收费管理系统和多媒体监视系统的前置系统，负责收费管理系统的数据采集、视频信息的采集（包括视频数据叠加）、车道设施（信号灯、电动挡杆）的控制。

4. 路面养护信息采集系统

采用专用仪器采集路面状况，主要包括平整度、路面破损程度、结构承受力和抗滑能力。

5. 快速道路交通信息发布系统

通过通信系统和信息发布系统给驾驶员提供丰富的交通信息，如交通状况、天气状况和水位信息。主要设备有可变情报板、限速板和路侧广播等。

（三）通信链路层

通信链路程可提高相应的通信线路，保证交通信息的相互传递。

该层由快速道路通信系统组成：

（1）由光缆、微波、双绞线或同轴电缆而成的通信网络，为其他子系统提供线路；（2）一般由光缆、微波、双绞线或同轴电缆组成管理网，由双绞线、电话线组成实时网。

（四）交通管理层

交通管理层给交通管理控制中心提供交通控制信息，同时给各职能部门提供交通管理控制信息，包括：收费管理、办公管理、财务管理、路面养护管理、路政管理、交通调度计划管理、交通实时信息管理（交通量、天气等）。

该层由以下系统组成：

1. 快速道路交通数据前置处理系统

根据数据系统所采集的信息，按照信息的各种通信规约进行处理并转换成通用的信息，存入数据库系统，供其他系统使用。

2. 快速道路交通多媒体实时监控中心系统

应用多媒体技术对全路的交通状况进行监视和控制。一般由快速道路交通安全分析系统、快速道路交通数据前置处理系统和计算机设备、视频设备组成。

3. 快速道路通行收费系统

通过快速道路的收费系统一般可分为人工收费、半自动收费和不停车收费 3 种形式。收费系统由车道收费系统、票据管理系统等组成。

4. 快速道路计算机综合管理系统

快速道路计算机综合管理系统主要包括办公信息管理系统、财务信息管理系统、路面养护信息系统和路政管理系统。

（五）交通预测决策层

1. 交通预测决策层组成

交通预测决策层用高级应用软件分析整个快速道路的交通信息，提供交通预测和管理的策略，构成具有超前作用的现代智能交通管理控制系统的决策体系，它由以下几个部分组成：

（1）决策系统

决策系统是决策活动的“司令部”，由有关领导、专家和一线工作人员选出的代表组成，其职能是确定决策内容和决策目标，进行决策方案的选择与决断，对决策实施过程进行协调与控制。

（2）智能系统

智能系统是决策活动的“参谋部”，由有关专家和专业人员组成，其职能是预测环境发展对决策内容的影响，拟订决策方案，提供论证依据及报告，并进行决策咨询。

（3）信息系统

信息系统是决策活动的“情报部”，由专业信息人员组成，其职能是对信息的采集、加工、处理、存储、分析、预测和反馈。

2. 该层的系统组成

（1）快速道路交通安全分析系统：对交通信息进行分析，预防、预测事故。（2）快速道路交通流分析系统：根据采集系统所得的数据进行交通流分析，应用最优控制理论，得到交通流控制的最佳控制方案。（3）快速道路交通控制策略模型系统：根据智能系统的概念，建立各种交通状况下控制策略模型系统。

（六）快速道路智能交通管理控制系统的发展方向

快速道路智能交通管理控制系统的发展方向是智能管理和智能控制一体化。一方面向交通控制现场（数据采集设备、可变情报板、限速板、收费数据等）发展，实现现场设备信息采集和控制的智能化；另一方面向交通管理的高层（运营计划、路面养护计划、收费管理、交通调度、统计分析、交通控制等）发展，实现交通流优化、事故自动检测和提供智能管理决策信息。特别是近几年来开放式系统体系结构的发展，各种网络通信规约的标准化，逐步克服了过去各种计算机系统不能互相通信的“孤岛”现象，这种快速道路智能交通管理控制系统使得快速道路交通管理部门的自动化水平大大提高，不仅能控制和管理某个交通设备，而且也能控制和管理整个区域的交通设备，使得整个区域的交通状况得以改善，提高快速道路的效能。

第三节　异常事件检测及应急管理系统

随着我国快速道路建设里程的增加和交通流量的增大，异常事件也随之增多，往往导致快速道路长时间的拥堵，严重干扰了交通流的正常运行，降低了道路的通行能力。为此，需要有效地对异常事件实施管理，进而减少事件造成的损失，保证行车安全和道路畅通。

事实上，异常事件是不可避免的，交通阻塞和车辆延误也是不可能消失的交通现象，但异常事件检测及应急管理系统能够通过现有技术的合理应用及各相关单位的有效协调组织，有效地减少交通延误和交通阻塞。

一、快速道路交通异常事件的检测

交通异常事件检测的基本原理是：交通异常事件自动检测技术并不是直接检测异常事件本身，而是发现异常事件所带来的交通流的特征变化（如事发路段上游会发生交通拥挤)。当发生交通异常事件后，交通流参数会发生突变，表现在占有率、流量、速度等参数上的突变，若变化程度超过了预先设置的交通异常极限值，则判定为交通异常事件发生。

交通异常事件检测系统的目的是要尽早获得发生交通异常事件的迹象，便于及时采取措施，迅速排除可能引发交通异常事件的隐患。其检测方法有以下几种。

（一）电子监视

使用电子监视检测交通异常事件，要求在快速道路上安装大量的检测器，所用检测器大部分与匝道控制设备所用的检测器相同。快速道路上若同时安装电子监测系统和匝道控制设备，则很多检测器可公用。检测器通过中央计算机连续监测并根据各检测器的读数，能判断交通异常事件是否发生。这种方法的优点除了能对整个道路网的交通状况进行连续监测外，还可对其他情况包括评价快速道路使用条件改善后（如匝道控制）对交通的影响进行监视。此外，此系统费用较低。其缺点是不能确定交通异常事件的性质，还需进行某种人工跟踪监视。从某种意义上讲，电子监测系统存在有“盲区”，可能遗漏一些交通异常事件，也可能产生一些假警报。

（二）闭路电视

闭路电视能使操作人员在中央控制室直接观察快速道路上设置电视摄影机地段的交通状况，可以迅速确定异常事件发生的时间和性质、要求救助设备的类型、对干道上行车的影响以及排除异常事件应采取的相应措施。这种方法的优点是管理人员仅用这种系统就能辨别整段路上所发生的交通事件，并确定应采取的措施。其缺点是设置费昂贵，需要经常维修；在最需要监视的恶劣天气里，难以获得清晰的电视图像；因监测工作的疲劳，对可能发生的交通事件可能会有遗漏。

（三）航空监视

警察当局和商用无线电测量站采用直升机或小型飞机在高峰时间观察是否有因交通异

常事件而引起交通瓶颈的问题，通过广播将情报通知驾驶员，并为交通异常事件提供援助。这种方法的缺点是：若监视范围很大（如整个城市），则未必能获得快速情报，也未必能有效迅速地排除事件。好的监视系统应是将航空监视作为电子监视的补充手段。但较高的费用和不能迅速地检测事件发生等缺点，将妨碍其广泛应用。

（四）呼援装置和紧急电话

呼援装置和紧急电话之间的主要差别是：紧急电话传送通常的声频信息，而呼援装置发出的是请求各种服务的编码脉冲信息。就提供服务的可信度而言，电话是最理想的。但就安装费而言，呼援装置较低。呼援装置应有一些按钮，其数目应等于可以得到的救护服务项目数。呼援装置只需一个按钮就可将干道巡逻车调遣到任何出事地点。

驾驶员救护系统的电话，若安装在驶出匝道前面，当其他驾驶员经过电话时，非常愿意报告遇难驾驶员及交通异常事件的情况，而且这种为驾驶员提供呼援的手段，较其他系统可靠。除巡逻车外的其他交通异常事件检测系统，都做不到这一点。电话安装在快速道路外，经过的车辆车速降低，将增加使用者的安全性，给遇难驾驶员的救护带来不便。呼援装置最理想的安装位置是在路肩边缘 0.61m 范围内。驾驶员呼援装置的优缺点是：

（1）此装置在满足驾驶员对救护服务的需求方面非常有效；（2）装置设在城市快速道路路肩边缘，对行人而言可能不安全；（3）紧急电话可用作其他方面的通信，如告知驾驶员道路养护和指向等；（4）如有电子监视设备，则对驾驶员救护需要不迫切，但对停在路肩上的车辆（电子探测系统几乎没有利用的可能）仍可提供有用信息。

（五）驾驶员救护合作系统

“FLASH”是“闪光求助”的缩写，它是一种利用驾驶员的互助，报告遇难驾驶员需要帮助的监视系统。驾驶员只需按照规定的次数用汽车前灯发出闪光求助信号，闪光求助监视系统即可接受驾驶员的求助信号。这种系统可以在很宽的光强范围内和不同的气候条件下工作。闪光求助监视系统接受虚假报告的概率很低，虚假报告可能由挡风玻璃上的闪烁阳光产生。这种监视系统的逻辑电路指令警报器只有在特定的时间间隔内接受规定次数的报告时才工作。目前，已对这种监视系统的实用性进行了试验，结果证明它的使用效果相当好。

这种系统的主要优点是安装和使用费较低，失去行驶能力的驾驶员不需离开他的汽车可望获得援助。如果遇险信号能用标准方法表示（如架起引擎盖，或在引人注目的地方系上白色手帕），那么就可以提高这种监视系统的使用效果。

（六）民用频道无线电话

失去行驶能力的驾驶员可用民用频道无线电话直接在车上报告他的困难情况。如该驾驶员车上没有无线电话，后续驾驶员可协助他呼援。救援机构派出小组到各监听站，以保证求援呼叫信号及遇难者需要什么类型的援助，并可迅速被救援小组获得。同时巡逻车将合作完成此项工作，形成驾驶员民用无线电话救援网。这种系统的缺点是设置车载无线电收发机和大量的路边设备及基地站监听设备等的费用很高。

二、异常事件应急管理

快速道路异常事件应急管理是对快速道路的运行状况进行全天候的监视控制，并对异常事件进行快速的检测和判断作出及时响应，采取有效的管理措施，保持路上车流的畅通，防止交通事故（或二次事故）的发生或事故发生后的及时救护与事故排除。应急管理应为司乘人员和通行车辆提供最佳服务，以保证快速和行车安全，最大限度地减少阻塞和延误。

快速道路异常事件应急管理就是有效地减少事件检测和确认的时间，并采取恰当的事件响应措施使因事件以及管理受到影响的交通流消散，直至恢复原有的通行能力，最终提高快速道路的运行效率和安全性。

（一）交通事件管理的目的和目标

交通事件管理的根本目的是使受到事件干扰的交通流恢复正常。目标是在最短的时间内完成事件管理的各项活动，减小事件的影响。在事件管理实践中，对于不同类型的快速道路、不同的管理要求可以制定相应的事件管理目的和目标，比如在市区快速道路上，特别是交通高峰期，事件管理的主要目标是尽快恢复正常的交通流；而在城市间快速道路上则更偏重于驾驶员的救援需要。

（二）突发事件应急管理系统结构

将快速道路突发事件应急管理系统按信息流程划分，可分为信息采集系统、信息传输系统、信息处理系统、信息提供系统 4 个子系统，各个子系统之间的相互关系及主要组成部分。

该突发事件管理系统结构框架是依据我国提出的 ITS 框架中第一个用户服务领域“交通管理与规划”中“紧急事件管理”的目录结构给出的。其中快速道路上沿途布置的各类车辆检测器和监视设备获取实时的快速道路运行状态，通过通信系统传输给监控指挥中心。监控指挥中心承担事件管理的主要工作，负责对原始交通流数据、视频数据及各种途径的人工报告数据进行处理，判断是否有事件发生，在确定有事件发生后，根据事件的严重程度和需要，制定响应策略并派遣事件处理人员、救援设备和车辆到达现场，同时对相关路段进行控制并向出行者和驾驶员发布相关信息，以避免事件进一步恶化。事件现场和救援车辆接收来自中心的调度指令，并反馈救援现场的情况。

三、紧急事件救援系统

快速道路交通事故的一个主要特点就是发生重大、特大恶性事故的概率比较大，所占比例高，而且一般都不可避免地导致二次交通事故发生。

紧急救援系统，就是由与交通事件有关的救援部门、交通管理、急救中心、消防中心等同交通管理或控制中心联网组成。交通管理或控制中心的交通异常事件检测系统测得并确认发生交通异常事件后，一方面自动把交通管理措施信息发给上游的后续车辆，另一方面把事故信息发给联网的有关管理部门，同时在这些部门车辆到达事故地点的路线上发布这些车辆优先通行信号及路线导行信息，让各类急救人员能尽快抵达事发地点。

（一）紧急救援系统的任务

（1）及时获取发生交通事故的信息，协调有关各方面迅速调集救援资源，采取紧急救援行动；（2）交通事故发生后，提供紧急服务，包括消防、救护、环保、车辆牵引起吊、供应燃油，并进行现场事故处理；（3）车辆发生故障时，提供维修服务，帮助陷于困境的汽车驾驶员摆脱困境；（4）对控制下的匝道可立即改变控制方法，如关闭路口匝道等措施；（5）在交通事故可能影响的范围内，为行车的驾驶员和乘客提供信息服务。

（二）排除事故的措施

（1）提供紧急救援（安全、防护、消防和救护等）服务；（2）维修和牵引事故车辆；（3）改变交通管制方案；（4）提供交通事故信息等。

快速道路紧急救援结构体制应采用立法的方式予以确认，这样就能使有关部门在法律上有着不容推卸的责任。紧急救援体系应尽可能发挥有关部门的优势和力量，在特别强调一体化管理制度的前提下，步调要一致，行动要迅速，从而保证紧急救援系统的有效运转。在确认体制之后，高速公路监控中心会以现有的消防、医疗等社会资源为基础，形成全天候运转的紧急救援实体，配备训练有素的救援人员和必要的设备、车辆等，并制订出总体和具体救援组织实施方案。

紧急救援系统内各个方面的协调努力是圆满处理各种事故的基本条件。控制中心的控制决策者与交通警察指挥部门紧密配合，统一指挥，紧急救援队伍按指令快速抵达现场并及时将有关信息反馈给控制室，并对现场实行必要的交通管制，控制中心根据反馈信息立即改变管理方案并向有关驾驶员提供有关交通事故的信息，事故现场勘察处理完毕以后，迅速解除紧急状况下的交通管制，恢复正常交通。

四、快速道路的通道监控系统

快速道路的通道以快速道路及其匝道为主体，由快速道路的辅路、平行于快速道路的临近干线道路及有关的横向道路组成。

设置通道监视和控制系统的目的在于通过更有效的交通分配和管理，使得现有快速道路设施获得较充分的利用。因此，除快速道路及其匝道外，在快速道路的沿街道路、平行于快速道路的干线街道和平行干线街道之间的横向街道等路段也应设置通道监控系统。其最终目的是把城市分割成以快速道路为骨干的向心扇形面，在每个扇形面中实行通道监控，使这种监控与中心地区的城市交通控制系统相协调，使整个城市交通处于整体监视和控制之中。

（一）快速道路通道的监控方法

（1）监视快速道路交通；（2）快速道路交通控制，特别是匝道交通的控制；（3）沿街道路的控制和监控；（4）干线街道的控制和监控；（5）进入快速道路司机情报系统；（6）离开快速道路司机情报系统。

（二）沿街道路的监控方法

沿街道路网除本身构成一个网的作用外，还兼起快速道路和干线干道网的一部分作用，沿街道路可按下述任何一种方法进行控制：

（1）沿街道路与主要横街交叉，可以按孤立交叉口处理，用局部控制器进行控制；（2）如果是连续的沿街道路，可以起主干线的作用，所有交叉口采用联动控制；（3）由于主干线横过沿街道路，并为其他交通要求服务，则沿街道路可起干线道路网的一部分作用；（4）当快速道路由于正常的高峰期拥挤，或在高峰期间或非高峰期间发生不可预测的交通异常事件，快速道路不能保证一定的服务水平时，沿街道路可以作为快速道路的分流路线，此时，沿街道路和快速道路匝道应进行协调控制；（5）快速道路匝道进行控制时，由于不考虑等待队列长度，可能影响沿街道路交叉口的通行，因此，匝道和沿街道路应进行协调控制。

（三）干线街道的监控方法

干线街道的交通监控，是通过街道检测器的监控和局部控制器的联动来实现的。其采用的技术措施如下：

（1）使干线街道的交通信号和快速道路的信号协调，从而达到最少的行程时间（或其他标准）；（2）快速道路互通式立体交叉口上的交通信号与干线横街上的交通信号进行协调控制；（3）匝道限流控制与横街交叉口控制的协调，以防止匝道队列横过交叉口；（4）在干线街道与通向快速道路匝道的横街相交的路口提供转弯相位，并尽可能用可变交通情报显示相配合。

第七章　现代城市交通管控模式与经济的协调发展

第一节　交通管控模式与城市公共交通的融合

一、城市公共交通界定与可持续发展的模式

（一）城市公共交通的界定

人们通常把城市公共汽车和电车称为“公交车”，广义上的城市公共交通含义则更为广泛。城市公共交通已经成为一座城市交通体系的主体，也是城市发展所必要的条件之一，我们的日常生活中也离不开这个社会公共设施，而且它还是城市的投资环境和社会发展的基本条件之一。与此同时，公共交通也能反映一个城市的精神文明状况，以及国民经济、人们的生活风貌和人们生活水平。

狭义的公共交通是指在常规公共汽车、快速公共汽车、电车轨道交通、出租汽车，轮渡的组成情况下，在固定的路线上，按照一定的时间，通过公开的费率来为公众提供短途的客运服务的系统。并且在各种交通的相互配合下，为乘客提供一种舒适的交通服务，来维持城市的运转。城市公共交通已经在国民经济中占据了重要的地位，而且也是一个城市社会和经济发展的基础。

（二）可持续发展的公共交通模式

可持续发展的城市公共交通模式，不仅是一个以通达、有序、安全、快捷、宜人、低能耗、低污染为目标，而且还能达到一个高效、便利、有安全感的输送模式，另外还能从根本上让我们所处的环境发生改善。如果能实现交通的运输效率、资源的循环利用，还有保护生态环境这个三位一体的可持续发展的模式，那么我们与公共交通系统与大自然的关

系发展就会更协调。其表现是城市交通环境的不断改善和城市公共交通所需资源的合理开发利用。

1. 生态交通理论

生态交通是环保型、零污染的绿色交通模式。绿色交通模式要求城市公共交通采用无污染、低公害的运输工具，不断改进各种交通工具的性能，这要求运输工具从生产到其生命终结，整个运行过程对环境无污染、无排放污染物、无噪音。报废运输工具的材料可以回收及再生，不造成二次污染。

通达和有序，安全和舒适，低能耗和低污染这三个方面的统一是生态交通发展的目标，我们还要做到公共交通的高效性以及效率持久性的协调。生态交通更深层上的含义是和谐的交通，包括公共交通与生态的和谐，公共交通与心理环境的和谐，公共交通与未来的和谐，公共交通与社会的和谐（安全、以人为本），公共交通与资源的和谐（以最小的代价或最小的资源维持公共交通的需求）。

2. 智能交通理论

交通在未来必将走上智能化的道路，智能交通就是指把先进的计算机技术、数据通信技术、传感器技术、信息技术、电子控制技术、自动控制理论等有机地结合起来，然后利用各种体系来进行实践操作，即服务、公交管理以及控制等体系，打造出与事实相符且高效率的、准确度高的运输综合管理系统，这种管理系统所覆盖的范围特别广，能够全方位地发挥作用。有公共交通运营系统、出行需求管理系统、出行和电子收费、交通管理、商用车辆运营以及应急管理等系统，还有车辆控制和安全的先进系统。可以大大节约公共交通的投资，使现有道路系统的交通效率尽最大可能地发挥出来，从而尽可能地减轻由于交通给环境带来的不良影响。不管是道路交通管理，还是公共交通服务，它们目前是网络化，信息化，但是最后都会变成一体化。不管居民身处何处，无论行走在路上或家里、公司、车上，都可以获得全面的公共交通信息服务，便于为自己规划一条最好的出行攻略。如采用什么交通方式、什么时间出行、走哪一条路线等。这样不仅居民出行的效率得到了大幅度的提升，同时也提高了各种公共交通工具和设施的使用频率。据此可知，智能交通在城市公共交通系统中融入了信息技术与通信技术，这是智能交通最大的特点，也是最大的优势，人们可以通过实时的路线指引、公交服务等信息来随时随地的知晓整个的公共交通的现状。

3. “以人为本”交通理论

“以人为本”的城市公共交通发展模式，是为了使城市居民的需求即交通得到充分的满足，城市的公共交通设施要立足于可持续发展，以分配的公平性，以公共交通设施应当适合城市大多数居民的需要而去创建。从适应与使用的角度上来说，要满足不同阶层的市民需求，在公共的交通方式上，按照市民的收入水平的区别来进行各种可具选择性、各种层次的供给，确保公共交通的服务质量是跟随社会发展的脚步来应对且满足社会大众的需求。

二、常规公共汽车运营

（一）常规公共汽车系统组成

常规公共汽车系统，具有固定的行车路线和车站，按班次运行，并由具备商业运营条件的适当类型公共汽车及其他辅助设施配置而成。

1. 常规公交车辆

公共的交通车辆也就是我们所说的公交车，按照动力推进的系统差别可分为汽车、柴油、新型混合动力、环保型压缩天然气（compressed natural gas，CNG）等公交车以及无轨电车等。尽管柴油公交车易保养、油料价钱低且有充足的动力，但其不足的是所排的废气较多且噪音大。而以电力作为驱动装置，运行速度快，且平稳的无轨电车的建设又要以架空的输电设备为前提，同时其不仅要较高投资费用及营运的保养资金，还必须在有架空线的区域才可运行。而低排放量、燃料费也不高且发动机耐用的 CNG 客车，如若想要使用效果达到最佳状态就必须使用专用的发动机才能实现。

2. 线网结构形式与常规公交场站

（1）线网结构形式

公交线网形态受局限的地方是在于城市的形态以及路网的状态，并且还有场站的条件、交通的需求以及车辆的条件还有效率等各个因素所决定。常规公交线网通常有 6 种形式：

①单中心放射型线网

单中心放射型线网，这是公交线网的早期形式，适用于较小的城市以及卫星城镇于大的城市中，乘客不需过多的进行换乘，对于市中心的往返较为简单、方便，同时对于调度的管理也很便利；

②多中心放射型线网

多中心放射型线网，这种线网同样具有单中心放射型线网的优点和缺点，但主要适用于中小规模城市，特别是有老城和新城两个中心的城市形态，中心成为公交换乘枢纽，并且在多个中心之间形成公交客运走廊；

③带有环线或切线状线路的放射型线网

带有环线或切线状线路的放射型线网，单中心线网随着城区扩大，会逐渐衍变为带有环线或切线的放射型网络，直达出行率高，便于换乘，但往往场站用地较难解决；

④棋盘式线网

棋盘式线网，棋盘式线网通常只需换乘一次车就能到达目的地，线路调整便利；

⑤混合型线路

混合型线路，其以路网的条件以及城市的布局为布网的依据，使交通组织起来更为便利，多用于大中型且没有轨道交通设施的城市，公交线网多采用中心区为棋盘式线网、外围是放射形线网的形式；

⑥主干线和驳运线结合的主辅型线网

主干线和驳运线结合的主辅型线网，主干线和驳运线结合的主辅线网是由两类功能和服务水平不同的线路组成，这种形式的线网能最大化地利用客位，利用发车间距来对主干线以及驳运线进行所需服务水平以及运力的调整，一般适用于的城市是交通线路中有大运量的轨道，以驳运线为其公交线路于地面，而快速大站的公交线路于公交车专用道上，也可布置于主干线。

（2）常规公交场站

公交场站若依据服务功能和服务对象来划分，可以分成首末站、维修保养场、枢纽站、培训场地、中途停靠站、附属生活设施，还有停车场，经常有一处场站兼具功能的情况，而这种场站就叫作综合场站。

3. 常规公交的运营服务的重要性

城市公交系统应以运营服务为中心，竭力提供给乘客快捷、安全、舒适、准点的乘车条件，根据乘客流动的现实需要，以确保具有一定行车间隔以及行车时间为前提，周而复始地运行。为了满足客流变化过程中的需求，要巧妙地调整车辆的使用情况，针对时间、季节、流向、区段这些客流变化情况的不同，用时间去积累信息，从而掌握客流的规律，不断优化运营服务。

（二）常规公共汽车调度

1. 城市公交运营调度的内涵

城市公交运营调度是指城市公交企业根据客流的需要和城市公交的特点，通过制定运营车辆的行车作业计划和发布调度命令，协调运营生产的各环节、各部门的工作，合理安排、组织、指挥、控制和监督运营车辆的运行和有关人员的工作，为乘客提供安全、方便、迅速、准点和舒适的乘车服务，最大限度地节省人们的出行时间，同时为完成企业的营运计划和各项经济技术指标而开展生产。

根据车辆运行作业计划的需求，结合现场实际情况，有效恰当地指挥、调节、控制车辆的运行，并确保客运工作能够按量、按时、按质地完成，是运营调度的主要任务。

2. 城市公交运营调度及其职责

（1）运营调度的分类

①按照调度内容和目标的不同划分

可分为：

A. 静态调度

静态调度主要是确定线路人力、车辆及发车计划，其目标是在运能供应和满足客流需求的条件下，提高效益，尽量提高运行车公里和车速；

B. 动态调度

动态调度，根据道路交通情况、车辆运行状况、突发事件及其他实时信息，修改规定的车辆运行时刻表，以保证车辆准点率、行车间隔，维持设定的服务水平。

②按照调度体制划分

城市公交调度机构的设置可以根据城市规模的大小、公交企业的设备状况因地制宜建立二级或三级调度制，大城市由于公交线路较多，车辆、人员多，一般实行三级调度体制，中小城市则实行二级调度体制。可分为：

一级调度是公司总调度，由公司分管营运的副经理兼任主任，另设副主任若干名，负责全公司的营运调度管理工作；

二级调度是分公司（车场）调度，由副经理（场长）兼任主任，另设副主任若干名，负责场辖路线的营运调度管理工作；

三级调度是车队（线路）调度，由车队副队长任组长，副组长一般由线站调度长兼任，负责现场调度指挥。

（2）运营调度的职责

①静态调度

静态调度的主要任务为在给定客流需求条件下，计算投放运营车辆；对驾乘人员、车辆进行调配；编制运行作业计划，根据客流在不同季节、时间段的变化要求，确定发车间隔，并保持车间隔均衡。

②动态调度

动态调度主要是进行实时调度，根据线路、车辆及客流等信息对已经确定的调度方案进行实时调整，包括线内调度或跨线调度；对车辆实施运行监控和电子站牌实时信息显示。

通常在终点站进行线路实时调度。应用枢纽站计算机辅助调度系统是为了实现多线路无纸化调度与实时自动调度，节约管理成本，提升调度的科学性以及劳动效率。

③一级调度

A. 负责全市范围内客流调查的组织与调查资料的汇总分析，并进行预测，掌握全市区域性的客流动态及发展趋势，提出新辟、调整营运路线计划，以及改善停靠站服务设施的建议方案；B. 制定编制运行作业计划的规范与调度制度；C. 制定全市性大客流的专用方案，及时组织实施，并有权调度各场车辆；D. 协调场际跨线联运业务，制定两场两点出车等调度方案；E. 审核各车场的行车作业计划和调度措施，并督促执行；F. 随时了解和掌握各场、各条路线运营计划的执行情况，发现问题及时处理，并提出改进措施；G. 建立营运调度方面的信息系统，包括原始记录、台账、统计报表等，做到及时、迅速地反馈传递，检查全公司服务质量，并将营运调度方面的经济指标执行情况向计划部门提供准确的资料。

④二级调度

A. 所辖营运区域内的客流调查与调查资料的整理分析，掌握区域内客流动态，特别是“三高”（高峰时间、高单向、高断面）客流量的资料，作为编制和调整行车作业计划的依据；B. 编制所辖区域内的行车作业和调度措施，经上报总调度室审批后下达车队执行；C. 制定管辖区域内的大客流调度方案和措施，并组织贯彻执行；D. 调派所辖线路的执勤人员（驾驶员、售票员、线站调度员）和营运车辆，随时了解和掌握所辖线路的营运情况，发现问题及时处理，做出临时性的改道、线路延缩和迁站的决定；E. 检查所辖区域的服务质量，定期综合上报行车作业计划及各项定额指标的执行情况。

⑤三级调度

A. 所辖营运区域内的客流调查和调查资料的管理分析与汇总上报，随时了解所辖线路沿线主要单位职工上下班及“三高”动态；B. 参与编制所辖线路的行车作业计划和调度措施，并切实贯彻执行；C. 在客流发生变化时，按调度管理责任制规定，有权机动灵活地增加和减少行车班次，报停车辆应及时向车场调度室汇报；D. 遇行车秩序不正常时，应积极采取措施，及时恢复行车秩序，保证车辆正常运行；E. 具体处理所辖线路临时性的改道、路线延缩和迁站等事项；F. 检查所辖线路的服务量，定期上报本队行车作业计划及各项定额指标的执行情况。

3. 城市公交运营调度的形式

车辆的调度形式是依据客流的时间、方向、断面等要素的特征，所采用的运输组织形式。在城市公共交通运输中，采用合理的调度形式，有利于乘客拥挤程度的减轻，车辆与路线负荷的平衡，路线负荷、运输生产率、运输服务质量、运输生产率质量的提升，还有益于发展城市公交。

（1）按照车辆工作时间的长短与类型划分

正班车。是指车辆在正常运营时间内连续工作相当于两个工作班，是每条营运路线必须安排的一种车辆调度形式。实行双班制、连续工作，所以又称双班车、大班车。

加班车。是一种辅助调度形式。主要是在客流高峰时上线营运的车辆，并且一日累计工作时间相当于一个工作班，也包括临时性的加车，又称单班车。

夜班车。是指为满足夜间乘客的需要而开行的班车。一般只在夜间乘客较多的某些干线上营运，班次较疏，定时运行，是衔接正班车的一种辅助调度方式。

（2）按照车辆运行与停站方式划分

全程车。是一种基本调度形式。全程车是车辆从线路起点发车直到终点站止，必须在沿线各固定停车站点依次停靠，按规定时间到达各站点，全程双向行驶，又称慢车。

区间车。是一种辅助调度形式。车辆只在某一客流量的高区段行驶。

快车。是指为了适应沿线长乘距乘车的需要，采取的一种越站快速运行的调度形式，包括大站车和直达车两种。大站车是指车辆仅在沿线乘客集散量较大的站点停靠并在其间直接运行的调度形式。直达车是快车的一种特殊形式，车辆仅在线路的起讫点停靠和运行的调度形式。

跨线车。是客运高峰时间带有联运性质的一种调度形式。跨线车是不受原来行驶线路的限制，根据当时客流集散点的具体情况确定起讫点，以平衡相邻线路之间客流负荷，减少乘客转乘而组织的一种车辆跨线运行的调度形式。

定班车。是为接送有关单位职工上下班或学生上下学等情况而组织的一种专线调度形式。车辆按路线定班次、定时间和定站点运行。

4. 城市公交车辆调度形式的选择

城市公交车辆的各种调度形式，均有其适用的线路、客流等条件的要求。调度人员必须合理选择，才能有效调度车辆和人员，提高公交服务质量。

（1）全程车、正班车的选定方法

所有的营运线路均需以全程车、正班车作为基本调度形式，并根据线路客流分布与客运需求的特殊性辅以其他调度形式。

（2）高峰加班车的选定方法

一昼夜的某段营运时间内出现客流高峰时，采用加班车调度形式。客流高峰时段，通过计算客流时间不均衡系数确定，时间单位可取小时。时间不均匀系数是在营运时间内，某一小时的客运量与平均每小时客运量之比，表示客流在营运时间内各小时分布的不均匀程度。

（3）区间车的选定方法

当线路出现连续的高客流量路段时，可开区间车；不连续的则可开设大站车。路段客流高峰的判断，可通过路段的两个方面来确定：

①路段不均匀系数法

路段不均匀系数法，路段不均匀系数是指单位时间内，营运线路某路段的客流量与该线路平均客流量之比。

②差值法

差值法，路段客流量差是指单位时间内某路段客流量与各路段平均客流量之差。

当路段客流量差大于2~4倍的车辆额定载客量时，在该路段可以采取开行区间车的方式予以解决。区间车调度形式的采用，还要考虑线路站距、车辆掉头的道路条件等因素。

（4）快车的选定方法

客流动态沿运输方向的分布具有较大的不平衡性，长期看是均衡的，一般有去有回；而从短期看，客流存在着方向上的不平衡性，用方向不均匀系数表示。方向不均匀系数是营运线路的两个方向中的高单向客流量与平均单向客流量之比。

由于城市公交受多因素影响，调度形式的选用除根据线路客流情况进行有关计算外，尚需考虑道路与交通条件、企业自身的组织与技术条件及有关运输服务质量要求等因素。在同一条线路上，调度形式不宜过多，一般不超过两种。

（三）常规公共汽车行车作业计划编制

1. 行车作业计划的内涵

行车作业计划是指城市公交企业在已定线网布局的基础上，根据客流的基本变化规律和运输生产的要求，编制的生产作业性质的计划。行车作业计划是常规公交企业营运计划的具体形式，它具体规定了公共汽车运输企业各基层单位在计划期内应完成的一系列工作指标。

行车作业计划是常规公交企业合理组织车辆运行、组织驾乘人员的劳动、提高服务质量的重要手段，行车作业计划编制的质量直接影响到企业的经济效益和社会效益。

行车作业计划根据客流动态在不同时期的规律性变化，可分为季节、月度、平日（周一至周五）、节日及假日行车作业计划。

2. 行车作业计划编制的原则

目前，我国城市公交企业行车作业计划的编制主要有两种形式：一种是采用传统的调度方式，主要依靠管理人员，根据公交线路客流规律，凭借经验确定发车间隔和发车形式；另一种是智能交通调度，根据实时客流信息和交通状态，在无人参与的情况下自动给出发车间隔的调度形式。在编制行车作业计划时，无论采用什么方式，所遵循的原则和一般程序基本是相同的。

调度部门在编制行车作业计划时，要求尽可能做到以下 6 点：

（1）依据客流动态变化规律，以最大限度的方便和最少的乘行时间与等待时间，安全地将乘客送达目的地。（2）车辆在线路上有计划、有节奏地均衡运行。（3）合理配置车辆，使线路的主要运行参数符合规范和标准。（4）与其他线路的公共汽电车合理配合，与其他客运方式之间相互衔接。（5）在不影响营运服务质量的前提下，合理安排行车人员的作息时间。（6）根据季节性客流量变化来适时调整计划，并根据每周、每日的不同客流量，制订并执行不同的计划安排。

3. 行车作业计划编制的一般程序

编制常规公交行车作业计划的基本程序可分为以下 8 个步骤：

（1）线路客流调查与预测

在编制、修订行车作业计划前，必须选择合适、有效的调查方法，进行线路的客流调查，以确定客流预测的基本数据。传统的人工调查方法主要有随车调查法、驻站调查法和问询调查法等，可以得到比较全面的数据，但是要耗费大量的人力和财力，不适合经常性的动态客流数据调查。随着现代科技的发展，自动数据采集方法逐渐得到发展和应用，如 IC 卡数据采集、红外线自动乘客计数系统。踏板式自动乘客计数系统及激光感应器采集系统等，可以进行全线路全日的综合调查，也可以根据实际需要进行部分路段、站点和峰别的重点调查。

(2) 分类、分析调查资料

对取得的资料，进行认真细致的分析研究，找出营业时间内客流分布变化的规律，作为确定调度方式、计算运行参数的依据。

(3) 确定调度形式

依据客流的时间、路段、方向及站点等分布情况，在采用全程车、正班车调度形式的同时，选择其他辅助的调度形式。

(4) 计算线路的主要运行参数

运行参数的计算包括初值计算、数值调整及确定参数终值等环节。

(5) 编制行车作业计划

依据编制原则，安排和确定行车班次与发车时刻，排列行车人员休息时间等。行车时刻表是计划调度的基本形式，行车时刻表的编制质量和执行中的准确程度，直接反映调度工作的能力，反映企业管理水平的高低和社会效益、经济效益的优劣。

(6) 计算各项运行指标

行车作业计划编制完成以后，通过计算车辆的日行驶里程、运营速度、车辆的满载率及平均车班工时等各项运行指标，反映和评价该计划的可行性。

(7) 审核

行车作业计划编制完成以后，必须进行审核，在线路上试运行，发现问题及时修正，直到适应线路的实际情况，实施前要报公司总调度室审核、备案。经公司总调度室核准后，方可组织实施。

(8) 组织执行

行车作业计划经批准后，要制定详细的办法组织营运，不得擅自变更或者停止营运。行车作业计划具有一定的稳定性，一般每季调整一次，有的城市只在冬、夏两季调整一次。调度人员、行车人员及企业其他工作人员必须严格按照行车作业计划规定的线路、班次和时间按时出车、正点运行，保证运输服务的质量。

4. 车辆运行定额及运行参数的确定

车辆运行定额与运行参数是行车作业计划编制的重要依据，是国家（行业）和企业为达到社会服务效果和企业的经济效益而制定的规范、标准，是线路行车组织的规范性数据，主要包括以下内容：

(1) 单程运行时间

单程运行时间是车辆沿线路完成一个单程的运输工作，由始发站发车开始到终点站结束为止所耗用的时间，包括单程的行驶时间和各中间站停站时间。

（2）始末站停靠时间

始末站停靠时间即车辆在起始站和终点站的停靠时间，包括调动车辆、车辆清洁及日常维护、行车人员休息与交接班、乘客上下车及停站调整行车间隔等必需的停歇时间。在客流高峰时，适当减少始末站停站时间，以加速车辆周转，原则上始末站停站时间不应大于行车间隔的2倍。车辆在始末站停站时间各地有所不同，一般为车辆单程运送时间的15%左右。

（3）车辆周转时间和周转系数

车辆周转时间是车辆经线路上往返一周所需时间，等于单程耗用时间与平均始末站停站时间之和的2倍。周转系数是单位时间内（如1小时）车辆完成的周转次数，它与周转时间成倒数关系，时间单位为分钟。车辆沿线路往返运行所需时间要受客流量大小、道路交通状况、驾驶员的驾驶水平等多种因素的影响，因此车辆周转时间的确定，通常是按不同的客运峰期分别规定一个区间值，允许车辆的周转时间在一定范围内变化，不同客运峰期内的周转时间尽可能与该峰期延续时间相匹配，或不同峰别的相邻时间段周转时间与相应时间段总延续时间相协调。

（4）计划车容量

计划车容量是指行车作业计划限定的车辆载客量，又称计划载客量。这是根据计划期内线路的客流情况、行车经济型要求、运输服务质量要求规定的计划完成的载客量。

车辆的额定载客量取决于车辆自身的结构与性能，包括由座位数确定的乘客人数和有效站立面积确定的乘客人数两部分。

（5）线路车辆数

线路车辆数是线路所需配备的最高的车辆数量，包括线路车辆总数、分时间段车辆数。在编制行车作业计划时，该指标表示行驶的车次数，在计算时要取整。各时间段所需车辆数则根据该时间内最高路段客流量、该时段车辆的周转时间及其满载率定额确定。周转时段所需车辆数为各分时段所需车辆数之和。

（6）行车间隔

行车间隔是指正点行车时前后两辆车到达同一停车站的时间间隔，又称行车间距。在全部营业时间内，由于不同时间段投入的车辆数及周转时间不同，因此行车间隔应分别予以确定。

（7）行车频率

行车频率是单位时间内，通过线路某一断面或停车站的车辆数。

（8）车班数

车班数包括车班总数及按不同车班工作制度运行的车班数。

5. 常规公交行车作业计划编制内容的确定

（1）行车时刻表的类型

①线路行车时刻表

按行车班次制定的车辆在线路上的运行时刻，分线路编制。表内主要列有该线路所有班次的出场时间、从始末站开出时间等。

②车站行车时刻表

线路始末站及重点中间站点的行车时刻表，分站点编制。表中规定了在该线路行驶的各班次公共汽车每周转一次的到达、开出该站的时间，行车间隔及换班或休息时间等。

③车辆行车时刻表

按行车班次制定的车辆沿线路运行时刻表，分路牌编制。表内列有该班次车辆出场（库）时间，每周转时间内到达、开出沿线各站时间，在一个车班内（或一日营业时间内）需完成的周转次数及回场时间等。

（2）行车作业计划编排的主要内容

行车作业计划编排的主要内容就是根据运行参数，排列各时段车次的行车时刻。应注意的是，在具体编制过程中，若发现有些参数的初算值不符合要求应予以修正，直到符合要求为止。

①安排和确定行车班次（路牌）

行车路牌是车辆在线路运行的次序或秩序，车辆的路牌号也称车辆运行的次序号。起排的方法有两种：

A. 从头班车的时间排起，自上而下，从左向右顺序地填写每一次的发车时刻直到末班车；B. 从早高峰配足车辆的一栏排起，然后向前推算到头班车，这种方法能较好地安排每辆车的出车顺序，也能较经济地安排运行时间，待全表排好后，再定车辆的次序号，并填进车辆进、出场时间，这样比先定序号后排时间的方法要简便一些。

②行车间隔的排列

行车间隔必须按车辆周转时间除以行驶车辆数的计算方法确定，不得随意变动，避免车辆周转不及时或行车间隔不均匀，可以通过适当压缩或增加车辆在始末站时间来调节。

③增减车辆的排列

线路上运行的车辆是按时间分组，随着客流量的变化有增有减。车辆不论加入或抽出，均要考虑前后行车间距的均衡，要注意做到既不损失时间，又不产生车辆周转时间不均的矛盾，并做到车辆均匀的加入和抽出，这样就能做到配车数量、行车间距虽有变化，但行车仍保持其均匀性。

④全程车与区间车的排列

在编制行车作业计划时，由于全程车与区间车的周转时间不等，混合行驶时，不仅要注意区间断面上的行车间隔均衡，而且要求区间车与全程车合理相间，充分发挥区间车的效能，以方便乘客。如果区间断面上的发车班次与全程车无法对等，不能相间行驶时，也要注意配合协调，间隔均匀。

⑤行车人员用餐时间的排列

安排行车人员用餐时间，一般有 3 种方法：增加劳动力代班用餐；增车增人填档，替代行驶的车辆参加运行；不增车不增人，用拉大行车间距的方法，让出用餐所需要的时间。

（四）常规公共汽车站务作业

1. 常规公共汽车站务工作内容

常规公共汽车客运站务作业主要是在首末站点组织车辆运行、负责公交场站的服务和站场设施的维护与管理、预防处理突发事件等工作。在车辆每日运行的不同阶段，站务工作的内容重点也不同。

（1）出场阶段

车辆准点出场是一天营运秩序好坏的首要环节，必须加强对行车人员上班到岗时间的考核，督促行车人员做好出场前的准备工作，包括车辆、票证及车上用品等；掌握行车人员的动态，发现脱班人员及时派预备人员顶岗或者将后车调整行车次序，保证准点出场运行。

（2）早晚高峰阶段

市民上下班和学生上下学的时间相对集中，线路在周一至周五的早晚各会出现 2 小时左右的客流高峰时段。线路早晚高峰 4 小时的乘客人次要占到全日乘客人次的 40%。这是经营者提高服务质量和获取经济效益的关键时刻。必须掌握高峰时客流动态、道路交通及行车人员工作等情况，在现场指挥调度车辆，及时修正行车作业计划，确保良好的行车秩序。

（3）交接班阶段

交接班是一天的中间管理环节。管理人员要注意接班人员准时到岗的情况，如人员脱班时要及时派预备人员顶岗。如一时无预备人员，下班人员应继续行驶，一般以一个往返为限。交接班最佳地点的位置在线路 1/3 左右处，这是最充分利用线路劳动力的地方。

（4）进场阶段

行车人员对营运车辆要做好维护工作，发现故障、损伤等及时向修理部门报修。修理部门要加强对进场车的检修，确保第二天车辆准时投入营运。配备公交运营智能化系统的车辆，在车辆进场时，读取 IC 卡的信息，将车辆一天的营运基本信息读入数据库，如路牌、车型简称、车号等。人工收费的车辆，行车人员需核对票款和有关物品的齐全情况，解交票款；结算好车辆的日运行里程和时间，整理好有关记录。

2. 现场调度的基本方法

行车作业计划编制以后，由于道路通行、运营秩序等因素的影响，要调整行车时刻表，使行车频率、行车调度方法符合客流规律，使各时段、各断面运力和运量平衡。现场调度就是调度人员依据行车组织实施方案的要求，在营运路线的行车现场，结合客流变化和车辆运行情况直接对行车人员下达行车调度指令的工作。其基本任务是确保行车间距，及时恢复行车秩序，灵活调度车辆行驶路线，及时增减车辆与调整运能。

现场调度方法就是按照行车作业计划控制车辆运行，合理分布车辆行车间距，尽快恢复营运秩序，保证车辆均衡载客营运的方法。

现场调度可分为常规调度和异常调度两大类。

（1）常规调度

当全线行车情况基本符合行车作业计划方案，车辆处于正常运行时的调度工作称为常规调度。基本内容分为以下 4 点：

①督促行车人员提前上车，按时发布开车指令。②注意车辆到站状况，调节车辆停车时间，准点发车。③安排好行车人员用餐与交接班事宜，关心车辆整洁情况。④调度日志等原始报表记录及时、正确。

（2）异常调度

当线路因各种原因造成行车秩序紊乱，车辆运行偏离行车作业计划时的调度工作称为异常调度。车辆运行不正常的情况，有时比较单一，有时比较复杂，为尽快恢复行车秩序，提高运输服务质量，常用的基本调度方法分为以下几种：

①调频法（调整行车频率）

调整行车间距的调度方法。当线路上客流某段时间内客流增减不是太多，在不增减车辆的情况下，使用压缩或放宽行车间距或两者同时采取的调度方法。客流量减少，增大行车间距，减少行车班次；客流量增大，缩短行车间隔，增加行车班次。

当车辆误点到站且误点时间不超过规定的停站调节时间时，则减少计划的停站时间，提前发车，按原计划准点发车；若误点时间超过停站时间不多，除了提前发车外，还可延后前几个车次的发车时刻，以便使行车间隔均匀。

②调站法（调整车辆沿途停站数）

调整车辆沿途停靠站数，增加或减少停靠站点的方法，以加快车辆周转，减少乘客等待时间。解决沿途乘客待运问题的调度方法，有全程车少停站、大站车多停站、直达车重点停站。

③调程法（调整车辆行驶里程）

车辆改变原行驶线路的行程，利用缩短或增加行驶里程的方法，即全程车缩短行程，在中途某个站点返回，或区间车增大行驶里程，以弥补高段面运能的不足。

车辆到达始末站误点时间较长，超过全程周转时间的 1/3 左右时，可采用调程法补偿已经损失的周转时间。有时为了增加某些站点的运能，也可采用调程法。

④调能法（调整线路运输能力）

主要有增加车辆和减少车辆两种方式。增加车辆法主要用于线路的客流突然增高，线路因故需延长周转时间，但又要保持原有车距的情况。减少车辆法主要用于线路客流突然下降，线路发生车辆故障、肇事、纠纷，因客流需要支援其他线路时等情况。

为使加入（抽出）车辆后的车距均匀分布，首先应确定加（减）车的数量、时间和所需影响的范围，然后对原有的车距进行计算调整。

⑤缩时法

缩短周转时间的调度方法。采用缩时法的情况：在营运现场，道路交通条件有明显的改善，道路通行能力提高，车速加快；实际客流比计划下降较多，造成车辆中途上下客时间减少，车辆普遍提前到站；交通中断，临时缩短路线行驶等。

⑥延时法

延长车辆周转时间的调度方法。采用延时法的情况：在营运现场，车辆运行过程中遇严重的交通堵塞和行车事故；客流增加，乘客上下车时间增多，在营运主高峰时，出现乘客滞站现象；遇冰、雪、雾及暴雨等恶劣气候，车辆通行缓慢。延长车辆周转时间的限度，以该线驾驶水平较低的驾驶员为准。

⑦调线法（变更行驶路线）

车辆运行中由于某些原因，如交通事故、火警、道路施工等造成车辆不能全线通行，为了最大限度方便乘客，保证线路的继续营运，采用绕道行驶、分段行驶及缩线行驶等方法进行临时处理。当线路运力有余，为支援其他线路，也可采用跨线行驶方法。绕道行驶即临时改变行驶线路，绕过阻塞路段继续行驶。

分段行驶以阻塞地点或路段为界，分成两条行车路线，并重新安排两段线路的临时行车计划，多余车辆抽调在适当地点停放待命。

缩短行程即当受阻路段在线路中的某一端，无其他道路可以绕行时，则可缩短行程，其行车计划需要重新安排。

跨线法用于相邻线路客流高峰时段出现的时间有较大差异，或本线全程与区间、大站之间的运能需要互补时。跨线法能对运能、工时起到充分利用的作用，既解决客流需求，又降低营运成本。

⑧调挡法

将车辆的车序号临时重新组织调整的一种调度方法。调挡法主要用于线路车辆故障抛锚、肇事、纠纷、换班及行车人员用餐时。

车辆在出场或首末站发生故障，如能很快修复行驶的，可与后车调换次序营运。高峰时，因营运需要将车辆的车序号临时调整的，一般先控制车距，在高峰之后再恢复行车次序。利用车辆调挡完成行车人员用餐的方法，是有效利用时间、提高工作效率的较好措施。

现场调度需要灵敏的信息反馈，随时准确地掌握现场变化情况，处理问题要机敏果断，采取的调度措施要及时适当，只有根据不同线路的客流特点和现场情况机动灵活地运用调度方法，才能不断提高业务水平。

3. 智能公交调度

在城市公交调度中，为实现对车辆的实时监控和调度，保证公交线路正常营运，很多城市已经开始运用公共交通智能调度系统，动态地获取实时的交通信息（车辆线路信息、GIS 信息、GPS 信息、时间信息、客流信息、安全行车规定信息及路况信息），根据线路客流情况进行实时调度，降低了运营成本，提高了乘客公众的满意度。

智能化调度方法是相对于传统调度方法而言的，二者的区别在于智能化调度方法是根据实时客流信息和交通状态，在无人参与的情况下自动给出发车间隔和调度形式的一种全新的调度方法，二者在调度形式上没有太大的区别。

智能公交调度系统是将先进的 GPS 技术、数据通信传输技术、电子信息技术等有效地集成运用于地面运输车辆管理体系中，建立一个在大范围内全方位发挥作用的，实时、准确、高效的车辆运行和管理系统，是公共交通实现科学化、现代化和智能化管理的重要标志。

（五）常规公共汽车票务管理

1. 常规公共汽车票证

客运票证是乘客乘车的凭证，按照公共交通票证的使用范围和期限划分，各地普遍使用的公交票证种类有普通票和储值票。

（1）普通票

普通票是乘客乘车时付现金购买的车票。通常为单程票，一次性使用，每票一人，凭票乘车，一次完成行程。

普通票的发售工作由随车售票员在车上完成，以纸制车票作为介质，通过售票员当面向乘客点交客票张数和找零现金，严格执行票制规定；通过人工方式对车票进行查验和各项数据的统计工作。目前，我国城市公共交通绝大多数都采用无人售票的形式，由乘客自行投币，不找零，以降低公交的运营成本。

（2）储值票

储值票是乘客预购的乘车凭证，可以多次使用。按介质的不同，有纸制的普通月票及磁性介质的车票。目前，我国城市公共交通领域普遍采用了IC卡管理系统，以公交IC卡代替普通月票，持卡乘车者享有优惠。

IC卡是集成电路卡（integrated circuit card，IC）的简称，IC卡在有些地区和国家还被称为灵巧卡、智能卡、微电路卡或者是微芯片卡。城市公共交通一卡通所使用的卡片是非接触式IC卡，用户持卡接近车载读卡机指示的感应区时即可完成付费，采用绿色环保材料制成，内置天线，非接触式读写，反应时间约为0.4秒，使用简单、快捷、可靠性高。同时还具有很多优势：可反复充值使用；可以节省大量的运营成本，包括零钞管理所需要投入的清点、押运、配送、备款的人力和物力；最大可能是减少因假币收取所带来的损失；还能令售票、检票过程变得方便快捷，在很大程度上提高运营方的质量和效率；方便收集、统计公共交通数据信息，为实时调度提供依据。

2. 常规公共汽车票款收解

（1）票款的收取

公交票款收入是企业的主要资金来源，企业需加强营运收入的管理，保证票款准确收取。收取的方式主要是工人收取和银行划转两种方式。工人收取包括人工售票方式和投币方式，银行划转即刷卡。

①人工售票方式

人工售检票车辆，由随车乘务人员向乘客发售客票并收取票款。目前一般实行多级票价的线路上实行“有人售票”，以方便乘客乘车。这种售票方式易发生票款的漏收、错收及收钱不给票等行为。为了加强票款管理，许多企业改革领票制度，实行售票员买用车票一次性结算、统计，售票员每天上班前领票，改为售票员自己出钱向票务部门购买出售需用的车票，车票售完，售票员再以售出的票款向票务部门买票，此循环作业。这一改革使票务管理环节和车票流程化繁为简。

②投币方式

乘客上车前准备好零钱，上车后按规定票价主动将票款投入投币箱，多投不退，投币方式购票可以节省投资，但由公交公司承担假币、伪币所造成经济损失的风险较大，投币方式适用单一票价的线路。在车辆运行途中，由驾乘人员负责对投币箱管理，下班后按规定及时由专门人员将票款取出上交。

③刷卡方式

采用非接触式 IC 卡储值票，完成一次收费过程仅需一秒钟时间，这种收费模式即可以防止乘客使用假币给运营单位造成损失，也可以因工作人员不直接接触票款，而杜绝发生贪污、挪用等职务犯罪。售票、收费、检票、统计等一系列过程全部实现自动化，使管理效率大大提高。

（2）票款的解交

售票员下班后，应及时结算发售车票数和收入票款，缺款自己补足，多款上交，遗失客票按票面金额赔偿，并在当天向票务部门交清票款。

票务管理部门应严格执行票证领发制度和票款交收的各项规定，要建立分类分户账，对售票员每天交回的票款，要当面点清签收；对未按时交款的售票员，应及时追交，做到钱账两清。汇总票款如有缺款，可先用备用金如数垫足，封扎入库，不得外放。汇总缺款经查明原因，仍无下落，应如数赔偿。全部票款应于次日解交银行，不得移作他用。

刷卡方式下，营运收入的管理，由银行划转。所有产生的交易数据，都会由收费管理中心或收费站按时向收费结算中心传报进行汇总。按照协定规则，各参与结算的单位在结算银行开设账户，由清算中心完成费用的结算和划转。

3. 常规公共汽车票制与票价

（1）票制的内涵

票制是票价制式的简称，它是一种特定的调节手段，也是比价关系和票价水平关系的表现形式，体现着票价的整体结构。制定票价时，应当令其与市民的消费水平、城市的空间形态、城市的规模、市民出行方式及城乡客运一体化发展水平相适应。

（2）票制的分类

国内外公共交通实行的票制基本上是单一票价制和计程票价制两种形式。

①单一票价制

无论乘车距离远近，都支付相同的票价。至今很多城市的公共交通行业中仍然沿用着单一票制，这是因为单一票制有着其传统的优势，包括需要投入的设备以及人工比较少，而且操作相对简单等，如公共汽车的无人售票模式。它的缺点是如果设置的票价过低，那么长途乘客所付出的成本就低于企业实际支出的成本，核算下来这种模式节省的人工及设备成本甚至要比收益损失还要低；如果设置的票价过高，那么短途乘客则难以接受，此种交通方式就会对这部分乘客失去吸引力。

②计程票价制

按实际乘距收费和按计费区（乘坐车站数）收费两种形式，是以规定里程或计费区（乘坐车站数）作为基本计价单位，累计加价的计程票制。计程票价制有效地弥补了单一票价制的不足，基本上能够反映价值与价格的关系，兼顾长短途乘客的需求；同时，设置的收费等级相对较少，计费易于取整。具体做法：实行单一票制的，多数以车型分类，如普通车单一票价 1 元，豪华车或空调车 2 元；也有的城市以线路长度划分区段，如太原市 18 千米以下的线路 1 元，18 千米以上的线路 2 元。

（3）票价

票价是乘客获取公共交通服务的支付凭证。科学合理的公共交通票价是保障企业正常运营、调节不同交通方式客流需求、促进公共交通行业可持续发展的重要条件。

①公交票价制定的原则及影响因素

公交票价制定的原则是成本、税费及合理利润，并随市场适时调整。即以成本为运价的基础，使成本得到有效的补偿；适时放宽运价管制，鼓励竞争；对亏损的公益性交通服务给予合理补偿；按社会物价的一定比例调整票价。票价的制定要体现公共交通的公用服务性，兼顾政府、企业和乘客三方面的利益。公交票价直接关系到公交的吸引力和公交事业的发展，必须合理定价。政府能否承受公共交通的补贴负担、企业能否维持正常的运营并有所获益、乘客能否接受相应的票价和服务，这三个方面直接影响着公交票价的标准。

A. 政府财政负担

实行公交优先政策。公共交通是城市应该优先扶持的绿色出行方式，因此，在资金投入上以及交通法规、政策的制定上，都应该适当地向公交倾斜。政府应将公共交通的社会效益放在首位，在一定程度上对公共交通实施补贴，让乘客能够以低于运营成本的票价乘坐公共交通工具出行。同时政府还应该督促企业提高公共交通的服务水平，保证公共交通沿着健康、有序、高效的方向发展。

B. 企业效益

政策性成本和运营成本构成了公共交通的综合成本。根据目前我国居民收入水平，是可以用运营成本来作为定价成本的，是与我国经济发展的现状相适应的。公共交通运营单位应该尽可能降低运营成本，开源节流，让更多的乘客享受到公共交通这一城市福利。同时也应当在成本水平范围内，尽最大努力为乘客提供更优质的服务、更多样的产品。

C. 乘客接受度

乘客在选择是否公交出行及何种公交方式出行一般考虑收入水平、服务质量及比价是否合理。在制定公共交通票价时，要充分考虑到居民的收入水准，消费能力以及城市整体交通状况，以最大限度地满足居民出行的需要。

城市公共交通服务的质量和水准也应该通过票价有所体现。比如公共交通运输车辆的舒适度、不同的车型配置、拥挤程度、换乘是否便利、是否直达等，都应该相应地通过票价有所区别，从而体现运输服务的质量。

城市公共交通内部合理的比价主要是指质量比价和乘距比价。质量比价应该体现出服务质量以及交通工具之间的比较关系，具体来讲就如高档车辆与普通车辆之间的价格比较，非空调车与空调车之间的价格比较等；而乘距比价则应该体现出行程（即交通运营单位所提供的服务数量）之间的比较关系。确定了合理的比价，乘客就可以在自身消费能力和需求的范围内，自主选择不同的交通工具出行。

城市公交票价的制定与调整必须从城市交通政策和城市环境的宏观利益考虑，从绝大多数中低收入者的利益出发，保持适度的票价水平。同时，逐步以法律、法规的形式建立公共交通价格的调整机制，逐步形成依据成本、市场物价变化级进式调整票价。从城市发展的宏观角度进行考虑，不仅要符合城市交通的既定政策和城市环境的宏观利益，而且还要兼顾城市中弱势群体和低收入人群出行的需要，将票价维持在一个适当的水平。与此同时，还应当以城市规范、长远发展为目标，结合运营成本、市场价格等因素，有针对性地制定与城市交通发展相关的法律、法规，以规范化的手段建立起公共交通运营价格的调整机制。

②票价类型

票价通常有以下三种分类方式：一是单一价格，这种定价方式适用于特定、固定的线路或乘次；二是起步价（基价）与进程数相加的价格；三是起步价（基价）与换乘次数相加的价格。票价优惠可以通过两种方式进行体现，其一是乘坐距离越远，票价越低，称为“递远递减”方式；其二是在规定的时间内换乘时享受价格上的一定优惠。

三、快速公共汽车运营

（一）快速公共汽车系统组成

1. 快速公共汽车交通的内涵

快速公共汽车交通（BRT）是一种公共交通运营中的新模式，这种模式处于传统公交和城市快速轨道交通的中间地带。是以大容量、高性能公共汽电车沿专用车道按班次运行，由智能调度系统和优先通行信号系统控制的中运量快速客运方式，简称“快速公交”。

BRT 虽然是以一种新的姿态投入到了城市公共交通体系中来，但其基础和实质仍然是传统的地面公共汽车，是对这种地面公共汽车在基础设施、运营方式、车辆模型和技术等方面做了提升和大量改进的一种城市交通工具。相对于传统的地面公共交通，BRT 具有其独有的特征：它有专用的车道和专属的路权；建设有单独的车站，这些车站可以实现在车外售票、检票，乘客可以水平上下车，一般这种车站的设施也相对齐全；此类专用车辆一般车身容量都比较大，使用燃料及排放上能够实现节能、环保的理念；这类车辆能够实现高效的智能调度；能够保证较高的正点率，运送速度快，运力大，效率高；还能为乘客提供快捷的信息服务。

2. 快速公共汽车交通系统的组成

BRT 系统主要由专用道或专用路、车站、车辆、调度与控制系统、运营组织及运营设备、停车场等组成。

（1）BRT 专用道

推行了 BRT 公交的城市，都为其设置了专用车道或者公交专用线，使其能够最大限度地脱离其他车辆所在的可能拥堵的空间，优先享有专用路权，从而能够更好地体现出 BRT 省时、快捷、高效的优势。BRT 专用道是 BRT 系统构成的最基本要素，也是整个 BRT 系统的核心部分。BRT 专用道按照道路运行形式的不同分为 3 类，即公交专用路（bus way）、公交专用道（bus lane）和与合乘车共用道路。公交专用路是指在特定的城市道路上，公交车享有全部的、排他的绝对使用权；公交专用道是指在特定路段上，通过标志、标线等画出一条或几条车道给公交车专用，同时，公交车享有在其他车道行驶的权利；与合乘车共用道路是指在特定道路上画出公交车与合乘车共同使用的道路。

（2）BRT 专用站

BRT 专用站是 BRT 系统为乘客提供服务的窗口，它具有售检票、候车、上下乘客及行车信息发布等功能，能够为乘客提供安全、舒适的候车环境及快速上下车的服务。

①BRT 站点分类

A. 按功能划分

BRT 的站点包括三种类型，即首末站、换乘站和中途停靠站。其中首末站的规模是最大的，这个场所需要有足够大的空间来停放车辆，完成对车辆的调试，必要时还要对车辆进行维修。同时需要接待乘客候车和换车，因此，这里还需要配备有必要的生活服务设施；换乘站相对于中途站，规模较大，在建设过程中，除了要考虑乘客上下车的功能以外，还要兼顾为乘客换乘其他线路和交通工具提供方便；而中途站就相对简单，规模也较小，只要具备乘客上下车的服务功能即可。

B. 按售验票方式划分

BRT 可以分为封闭式车站和开放式车站两种类型。其中开放式车站一般不具备售票、验票功能，不设相应系统，乘客上车后再行购票。这种车站的功能比较简单，建造成本低，维护方面也简单易行。这种车站要求配备电子地图、公交电子查询设备、实时车辆到达信息系统、自动售票机等。封闭式的车站则一般设置有单独的隔离设施，派有工作人员值守，设置有售票和检票系统，实行在车下售票，在车下检票，这种车站的建设成本较高。

C. 按车站位置划分

BRT 的车站可以被分为路侧型车站和路中型车站。路侧型车站的设计一般比较简单，乘客候车与常规的公交车站相类似，只是因需要与专用车辆相配合，在设计细节上有所不同；路中型车站一般位于路中专用车道，还可以被细化为侧式车站和岛式车站。这种车站在规划和设计时要充分考虑到行人和其他车辆的通行问题，因此在建造时比较复杂，成本也相应较高。按专用道、隔离带的位置以及道路断面设计来划分，BRT 站点可以分为岛式、侧式、港湾式。如果专用道位于道路两侧时，应该采用港湾式的设计。如果道路中央设有专用车道时，则应采用岛式或侧式站台，这种站台与轨道交通的车站相类似。

②合理站距选择

BRT 站点在选址时要充分考虑道路系统、车辆运营管理、乘客出行需要、交叉路口安全距离等各方面的因素。通常情况下，如果将车站间的距离设置的较长，虽然能够提高车辆的运行速度和效率，但乘客乘车时需要步行的距离就会增加，给出行造成不便。如果将车站间的距离设置的较短，虽然乘客乘车距离有所缩短，但车辆运行速度就会受到影响。

过长和过短都会增加乘客出行的时间成本。在这两种选择的中间选择一个最优的距离就是快速公交设置站点的合理位置。影响 BRT 站间距离的因素主要有：

A. 沿线客流分布情况以及客流需求的强度

客流需求强度影响着 BRT 站点的布局，在客流大量汇集的地区应当设置站点。另外，因为乘客到达车站的用时受客流沿线的分布情况影响，而这二者又共同影响着 BRT 的站间距离设置。

B. 线路运行时间

线路运行时间与运行速度有关，因为车辆运行速度越快，运行所需的时间就越少，只有增加了各站点间的距离，才能提高车辆运行的速度，从而能减少车辆运行的时间。

C. 乘客到、离站时间

从乘客的角度来说，车站设置的间距越短，他们乘车的目的地就越近，出行就更加方便，因此他们是希望减小车站之间的距离的。因为如果车站间的距离设置得过大，自身到站，离站的距离就会增加，相应的时间成本就会增加。由此看来，BRT 最优站距的设置中，乘客到离站时间是比较大的一个影响因素。

D. 投资费用

为了确保项目建设所需资金能够控制在预算之内，一些如车辆、站点、专用道等车站建设的子项目也是要制定成本限额的。公交运营成本和 BRT 站点建设成本是与站距相关的成本，其中公交运营成本主要包括车辆的购置费用。而 BRT 站点的成本一般包括车站的建筑成本，还有车站配套设施的购置成本，如售票、检票系统，电子信息显示设施等。

通常来讲，BRT 专用车道离市中心越近，站点间的距离就越小，离市中心越远，站点间的距离就越大；专用道设计的独立性越高，车站间的距离就越长；车辆运行沿线客流越大，开发程度越高，车站间的距离就越小。城市中 BRT 专用道的站间距离一般与轻轨的站间距是相似的，也就是说在城市中心区，站间距通常为 800~1000 米，在城市中心区的外围，站间距通常为 900~1200 米，在城市郊区站间距通常为 1000~1500 米。

③站点的规模

BRT 站点设置受城市土地开发情况的影响比较大，如果设计车站时，周边的土地使用较为紧张，用地面积无法满足车站建设的需要时，就要对站点的装置进行调整，甚至会推翻整个设计方案重新规划。这里包括：

A. 要考虑站台的长度

城市道路中 BRT 的线路数量是有限的，在一条道路上不会设计多个线路，所以每一个中间站点都要预设 3 个泊位，公交车按长度 18 米来计算，一个泊位长度可按 20.5 米计算，一个普通的车站通常可以供三辆公交车停靠，而枢纽站则要预留 4~5 辆车停靠的设计。

B. 要考虑站台的宽度

设计中要预留乘客上下车通道、售检票设施安置以及其他设施增加的位置，还要考虑到站台边缘的安全距离。所以站台宽度不能小于 2.5 米。

C. 要考虑站台的高度

BRT 站台的要求是能够让乘客水平上下车，所以在设计时也要充分考虑到站台的适宜高度。

（3）BRT 专用车辆

BRT 系统多采用标准的或铰链式改良设计的车辆，这种设计采用的是铰接式，使车辆能够从两侧开门，车门较多，底板较低，乘坐舒适并且能够实现智能化控制。BRT 专用车辆将占到 BRT 系统费用的 50%以上。

①容量更大

BRT 专用车辆通常是铰接式大客车，与传统地面公交车相比，容量和载客量大大增加，一辆这种专用车辆，可运送 180~270 名乘客。

②舒适性更高

采用大开窗，通风采光良好；内置空调，环境舒适；车体悬挂式设计，减震效果良好。

③上下车更方便

采用大开门、多车门及与站台等高设计的低底板，使得所有乘客都能够安全、快捷地上下车，大大提高了方便性。

④低污染

BRT 车辆多采用清洁燃料和低能耗的动力装置，这样就有效地控制了尾气排放，降低了污染。

⑤乘客信息更丰富

BRT 车辆多备有动、静态信息显示和视频、声讯播报系统，乘客信息更丰富。

⑥外形美观

BRT 车辆多采用流线型设计，色彩艳丽，不仅便于识别，还可以体现 BRT 系统品牌效应。

（4）智能交通系统

BRT 系统对智能交通技术的应用包括以下几个方面：

①动态调度

通过车辆自动定位技术实现车辆的动态调度，应用收费系统实现客流出行数据的统计。

②辅助车辆驾驶技术

自动导向技术帮助车辆在路段运行期间保持平稳快速。精准靠站技术提高车站内的停靠精准度，缩短车站延误时间。安全保障技术保证车辆行驶过程中不受冲撞。

③信号优先技术

该技术是基于智能控制技术和车辆自动定位技术，在交叉口使 BRT 车辆优先通行。

④乘客出行信息服务

在车站提供线路信息、车辆到站信息、换乘信息。车内提供实时运行信息，通过互联网、电话或客源集散点的查询终端提供 BRT 系统服务信息。

⑤服务方式

服务方式根据不同公交道路形式和不同的公交车辆有所不同。通过在 BRT 车站设置自动售检票系统、精确车辆停靠装置、显示到站公交车辆载客量及与车辆地板平齐的高站台使乘客快速上下车。

（5）线路运行组织与管理

BRT 系统的运营管理改进包括利用先进技术的中央调度中心、系统内车辆实现统一调度，以及对 BRT、客运通道上的常规公交线路进行整合。

①配套地面公交线网调整

对原有道路上的常规公交线路进行调整，包括对一些平行线路的撤销和转移，建立于 BRT、客运通道上的常规公交线路进行整合。

②中央动态调度

在 BRT 系统中利用先进的智能监控系统，针对需求和道路交通条件来控制车辆的预先状况，实现车辆运行严格按照计划时刻执行，确保系统的运营可靠性，避免乘客等候时间过长，减少车站车辆到站不均衡而引起的运行时间增加。

③跳站式运营

根据客流出行需求的特点，设计区间车和大站车运营模式，提高线路的运营效率和客运量。

④控制专用车道的运营车辆数

为提高 BRT 车道的使用效率，在系统运行初期，可以考虑常规公交车辆也在 BRT 专用道上行驶，限制专用车道上的公交车辆数，确保 BRT 系统运营车速在 25 千米/小时以上。

⑤售票方式

为保障其快速运营，采用车外售票方式，将售票系统置于候车站台内，在公交车辆进站前完成收费，从而实现快速简单的售票。

3. BRT 系统的优缺点

（1）BRT 系统的优点

BRT 系统通过新型大容量的交通工具、专用路权、交叉口信号优先、智能交通系统等交通运营管理方式，与其他交通方式相比具有以下优点：

①容量大

BRT 的车厢座位容量为 40~120 人，为普通公交车厢的 2~3 倍。BRT 系统独特的大容量公交车辆使得单车载客率上升，单方向小时断面流量有较大提高，可达到与轻轨系统大致相当的运力。

②投资低

投资一般是轨道交通的 1/20~1/5，运营成本是轻轨的 1/4。

③灵活性好

BRT 系统线网可分阶段实施，交叉口信号优先、乘客信息系统等技术也可以逐步引入。路面行驶方式保证了线路可以比较方便地修正或更改，当所吸引的交通流量达到系统上限时，可利用专用道建设容量更高的轨道交通系统。

④充分考虑乘客需求

BRT 所使用的车辆均为专门研发制造的新型车辆，内部宽敞明亮，有很好的降噪效果和防颠簸效果，乘客能够感觉到更高的舒适度。由于采用的是水平上下车的设计，乘客上下车和车内移动都更加方便安全。车内电子信息系统提供的乘车信息更加准确，可以让乘客随时了解车辆的运行状态，进一步增加了乘客对这种公交方式的信任度和好感度。

⑤速度快，准时性高

BRT 运营速度普遍高于常规公交，甚至可以接近轻轨和地铁的水平。BRT 系统受其他交通方式干扰较小，易于和计划时间表保持一致。

⑥安全性高

专用道和交叉口优先使 BRT 系统与其他交通方式完全分离，降低了拥堵时可能发生的追尾、碰撞等事故的可能性。同时，车辆追踪系统和交通事故管理系统的采用，使得在事故发生时能够及时迅速地救援，增加了对乘客人身安全的保护。

（2）BRT 系统的缺点

BRT 系统的缺点主要有以下 4 个方面：

①占用独立的道路空间，制约其他车辆使用

BRT 系统一般都要占据专用的车道，使本就稀缺的道路资源变得更加紧张。BRT 高效能的发挥在一定程度上也是以限制其他车辆对道路的使用为代价的。由于受发车频率和线路组织方式的影响，专用道的利用率较低。

②交叉口优先通行，增加其他车辆的路口延误

BRT 系统普遍采用的交叉口信号优先通行措施，必将给其他方向车道的车辆带来影响，增加其路口的延误时间。

③可能会增加乘客出行的换乘次数

国外 BRT 发展多采用干线和支线相结合的线路组织形式，在降低专用道占地率、增加站点覆盖率、减少运营车辆、降低运营成本的同时有可能会增加乘客出行的换乘次数，增加出行时间。

④系统稳定性不高

BRT 专用道多采用物理隔离措施，但仍属于半封闭系统，尤其是交叉口为平交方式时就很容易受到其他交通流的影响。在车流高峰期，BRT 专用道为非物理隔离时，受其他车辆抢占车道、行人过街等横向干扰会明显增加。

4. BRT 系统与其他公交系统的比较

常见的公交方式主要有 4 种：常规公交（normal bus transit，NBT）、BRT、轻轨（light rail transit，LRT）、地铁（mass rapid transit，MRT），分析和掌握这些公交方式的不同特性，对于充分发挥它们在城市公共交通中的作用非常重要。

（二）快速公共汽车专用道设置

1. BRT 专用道设置需考虑的因素

为了保障 BRT 专用道的设置效果与功能发挥，通常需要考虑如下因素：

（1）运输效率

BRT 专用道必须是高效率的，即应具有严格的专用路权和尽量少的交通横向干扰，应确保 BRT 车辆运行快速，站点和交叉点的交通延误少。

（2）服务水平

BRT 专用道的设置要充分体现“以人为本”的服务理念，要充分考虑为乘客提供良好的乘、候车环境，保证乘客整体交通行为的连续性和舒适性，提供良好的乘客信息服务，实行方便、公平的票制系统及人文关怀与尊重。

（3）网络系统

要注重提高整体公交网络的服务效能，促进公交网络形成良好的空间和等级结构，促进线路之间形成方便、高效的换乘关系，包括换乘时间、空间距离和换乘费用等。

（4）环境保护

促进环境质量改善是 BRT 建设项目追求的重要目标，具体体现在两个方面：

①通过实施公交优先，逐步限制其他机动交通工具的使用，进而减少噪音和尾气排放总量，形成高效的和对环境友善的交通系统结构；②公交车辆自身的环保性能改善也是不容忽视的因素。

2. BRT 专用道的类型与设置方法

BRT 专用道的类型决定了 BRT 系统的运行速度与运营能力。全封闭式的 BRT 专用路可以提供大容量和快速的公交服务，和正常的轨道交通的服务水平是差不多的。通常 BRT 专用道则会受到多路口的信号的限制。所以它的运输速度会受到一些影响，所以在重要交通路口，都会设置一些公交信号优先控制，在特殊的时候可以调整一下。BRT 专用道的类型与设置方法主要有以下几种：

（1）路中式 BRT 专用道

路中式 BRT 专用道是指设置在道路中央分隔带两侧或分隔线相邻车道上的 BRT 车道。此时，BRT 车辆行驶在整条道路的内侧车道上，即靠近道路中央行驶，通常采取物理方法或路面标线进行隔离。根据道路横断面形式不同可以分为有中央分隔带的 BRT 专用道和无中央分隔带的 BRT 专用道两种形式。没有中央分隔带的道路，一般像一些专用的道布都会设置在路的两侧，通过开宽获得停靠空间。如果在有中央分隔带的路，那么专用道布就会放置于分隔带的两边，以便于设置公交站。

路中式 BRT 专用道的最大优势就是车辆行驶不受外界因素干扰。如果道路中不设置中央分隔带的话，就可以把双向道合并在一起，从而进行物理分隔，这样做的好处是，可以保证好 BRT 的专用性，还方便公交车超车。而那些要设置中央分隔带的路，根据实际的环境不同而进行调整，如果特殊的路段，就可以将中央分隔带和 BRT 一起分隔，这样车辆在中央分隔带开进，并靠停，乘客们上下车辆就要穿过道路了，与路侧式 BRT 专用道相比（乘客完成往返出行只需要穿越一次，如果不是往返出行还有可能不需要穿越道路），这种专用道会使乘客穿越道路的次数增多，乘客坐一回公交车，差不多都要穿过两回路面，这样没有安全性。但是正常的道路分隔带的宽度都是限定的，这样就不好设置地下交通道路，如果加入行人街信号，那么又会影响车流速度。

（2）路侧式 BRT 专用道

杭州等城市的路侧式 BRT 专用道，就是将 BRT 专用道设置在道路的最外侧车道，在机动车、非机动车隔离带上或者占用局部非机动车道来设置停靠点。这种专用车道设置方式有其显著优势，那就是道路改造工量小，可以与原有公交车站共用部分设施，减少城市交通建设投入，充分利用公共资源，并且方便乘客进出站和上下车。路侧设置 BRT 专用道，可以将车站改造成港湾式停靠方式，这样不仅能方便其他 BRT 车辆超车，而且还能大大降低其对社会其他车辆的干扰。

在分析 BRT 专用道在城市交通中所占优势的同时，其劣势也不容忽视，即它的适应性有限。这是因为，BRT 在实际运行中，会阻断所有车辆的到达行进，影响车辆“右进右出”的行车规律，尤其在车流量大、道路沿线开口比较多、土地开发程度深的路段，这种矛盾更加突出，如果设置这种专用车道，就会影响其他 BRT 和社会车辆的到站和进出，如果不设置专用车道，这种交通运行方式的通畅性和快捷性则无法体现。而且容易受到行人和路侧非机动车的干扰，降低行驶速度。所以，这种 BRT 专用道只能设置在车流量小、沿途土地开发程度低的路段。

（3）次路侧式 BRT 专用道

次路侧式 BRT 专用道是路侧式 BRT 专用道的一种改进形式，一般是利用路段非机动车道在原来路侧式 BRT 专用道的右侧再开设一条辅助机动车道，供沿街车辆和相交小路上车辆右进右出、出租汽车上下客，以及那些不允许使用 BRT 专用道的常规公交行驶使用。

尽管它具有较高的适应能力，弥补了 BRT 专用道的路侧式上的不足，但也存在显著的不足之处，那就是专用道如果没有物理措施来进行隔离的情况下，当辅助车道的车流需以左转的方式才可驶入交叉路口且前提还得先进入专用道的左侧车道，穿插于 BRT 的车流中，导致行驶在专用车道上的车辆无法正常行驶，特别是需左转的车流量较大的时候，专用车道的目的及意义便会大打折扣。

（4）单侧双向式 BRT 专用道

单侧双向式 BRT 专用道是指将专用道集中布设于道路一侧，其他车辆行驶于另一侧的情况。

BRT 专用车道的形式是为公交车特意开辟的快速通道，这种形式最显著的缺点表现在交叉路口的运行管理上，如果 BRT 车辆在交叉口行驶方向不一致，有些要左转有些要右转有些又要直行，那么会增加 BRT 车辆与其他车辆的干扰，造成冲突，车道的冲突面积加大，采取处理措施的话也会比较复杂。BRT 专用车道的优点也很显然，一是 BRT 车辆在专用车道中形式比较灵活、自由，一旦要超速的话比较方便，不会造成不良的影响；另一方面有利于提高环形公交路线的运行效率，如果将环形公交路线设置在内道，则会降低其他车道与 BRT 车道之间的干扰性，简化道路的运行，特别是提高在交叉路口的运行效率。

（5）单侧单向式 BRT 专用道

单侧单向式 BRT 专用道是指专用道设置在道路某一侧并且只沿一个方向行驶的专用道。这种形式的专用道多出现在单行道路上。基于此，公交线路需以两条道路来实行双向行驶，同时，以相互平行的状态位于两条道路且间距较小。

（6）逆向式 BRT 专用道

逆向式 BRT 专用道是指 BRT 车辆行驶方向与其他车辆行驶方向相反的专用道，一般也多用于单行道路上，这种形式的专用道优点是 BRT 车道不易被其他车辆占用，布设在单行道上时，反向乘客乘车方便。但不足之处是与我国在行车的习惯上相左，且因为专用车道和其他的车辆在交叉路口的行驶的特性上还没达到统一，所以有着优先权的 BRT 车辆会对其他的车辆造成一定的影响。

（7）BRT 专用路

BRT 专用路（地下、高架、专用街道、高速公路）是指整条道路都为 BRT 车辆所用的道路。BRT 是在全封闭专用道运行，其优点很明显，那就是设施独立、速度快、运量大，这种专用道的形式从运营效果上来看，是十分理想的一种方式，但是它会占用非常多的道路资源。我国很多城市的道路资源本身就已经非常紧张，对于这些城市来讲，BRT 专用道如果大量普及，会严重影响到城市道路的空间容量，并且因其建设周期比较长，建设成本高，社会效益通常不显著，所以国内大多数城市交通建设中并不适宜推广 BRT 专用道。

综上所述，鉴于各类型 BRT 专用道均有不同的适用范围，也有明显的优势和劣势，所以各个城市必须针对自己的道路交通实际，与本市土地开发、道路交通发展规划等实情相结合，因地制宜地慎重选用。

（三）快速公共汽车运营组织

1. BRT 营运调度

（1）BRT 车辆调度形式的确定

BRT 车辆调度形式是指营运调度措施计划中所采取的运输组织形式。BRT 车辆调度基本可以分为两类：一类按车辆工作时间的长短与类型，划分为正班车、加班车与夜班车；

另一类按照线路运行与停驶方式，划分为全程车、区间车、快车、定班车、跨线车等。BRT 车辆调度形式选择的原则：凡属有相对固定线路走向的公共交通方式均须以全程车、正班车为基本调度形式，并根据线路客流分布特征辅以其他调度形式。BRT 车辆调度选择形式，通常可通过计算时间不均匀系数、方向不均匀系数、路段不均匀系数、站点不均匀系数等指标来确定。例如，区间车调度可以通过计算路段（断面）客流量或路段不均匀系数的方法确定；快车调度形式可通过计算方向不均匀系数或通过客流调查计算站点不均匀系数的方法确定；高峰加班调度形式可通过计算时间不均匀系数的方法确定。

（2）BRT 线路运营模式

BRT 线路通过停站设计实现不同的运营模式，一般分为每站必停、大站快线和点对点 3 类。这 3 种运营方式可在 BRT 系统内局部或全段使用，主要根据客流需求的时间变化、站点 OD 的空间变化进行具体设计。不同道路类型的 BRT 服务的模式和营运时间也不尽相同。BRT 路线在主干道上运行时，客流比较均匀地分布于走廊上，客流中穿越性的占比也比较低，所以这种情况一般可以安排每站必停。BRT 线路在高速公路或者快速路上运行时，出于保证道路交通顺畅的考虑，应该安排大站快线或者点对点停靠。专用 BRT 线路站点设置超车道时，应该预设 24 小时每站必停的方案，但交通高峰时安排大站快线的运行方案。针对不同时段和不同情况灵活安排运行方案，可以充分满足沿线乘客的出行需要，又能提高运行效率。

（3）营运时段

营运时段由客流分布时段决定，营运机构应根据客流需求、其他换乘衔接系统的营运时段确定首末班车时间。作为城市公交主干线，BRT 营运时段至少是 6：00~22：00，工作日和周末的营运时段尽可能保持一致，但班次密度可以做出调整。基于交通安全考虑，局部同向 BRT 车道可以实施部分时段专用，逆向 BRT 车道应当全天专用，接驳线路也可实施高峰时段营运。

（4）发车方式

发车间隔和发车方式直接影响乘客候车时间和客运能力。为降低发生车辆等候进站的概率，如果有平交路口，则 BRT 线路高峰发车间隔一般不宜小于 2 分钟。如果客流量增加，根据 BRT 专用道通行能力、路口信号优先控制条件，推荐采用编组发车方式，即在起点站同时排队发车以提高客运能力，有利于发挥站台停靠泊位的使用效率。发车间隔主要根据线路的客流量和 BRT 车辆的载客量来确定。

（5）BRT 营运调度方法分析

按照调度技术特点，BRT 车辆调度可分为静态调度和动态调度两种形式。

①静态调度

基于人工经验的一种调度方法，指合理地编制车辆的运行作业计划，按“按流开车”和“先到先开”的原则安排全程车、大站车、区间车的组合调度时刻表。影响静态调度的因素主要有最小车辆数、同时运行的最大车辆数、最少车次数的下界、发车时间间隔及每日各种峰值时段。

②动态调度

使用先进的技术，如通信、车辆定位以及计算机方面的，通过采集到的关于道路、客流和车辆方面的信息，并对这些信息进行传输和处理，就可以对运行中的车辆实行实时的监控以及调度，再加上调度人员凭借自己的经验对正在运行中的车辆的实际运行情况与既定计划之间的偏差进行判断和分析，来对发车时间和派车类型进行实时的调整，构建一种高效的交叉调度的模式。这种动态调度的优点是，可以随时对车辆运营的情况进行调整，使其运营的效率提高，公交部门则可以通过这种方法来使资源的配置和使用最优化，得到最高效的运营成果。智能交通应用的越来越广泛，技术也越来越成熟，调度方式也随之发生了改变，原来是人工的、静态的，现在是智能的、动态的。智能调度对于 BRT 来说很重要，相当于人的大脑和神经系统，智能调度是 BRT 显著的一个特征，BRT 的正常运行离不开智能调度。

2. BRT 在平面交叉口的优先通行

交叉路口信号优先通行技术是实现 BRT 系统功能的关键技术之一，该技术实施效果将直接影响到 BRT 系统功能的发挥。BRT 系统要实现快速和高服务水平的运营目标，仅仅靠 BRT 专用道来保障车辆在路段上的运行速度是不够的，还需要通过对交叉口交通流的有效控制，实现 BRT 系统在线路上乃至整个城市线网上的优先。

BRT 在平面交叉口的优先处理方式上有立体交叉方式和平面交叉口方式两种形式。

（1）立体交叉方式

立体交叉方式是在交叉口处采用高架桥或隧道方式使 BRT 车辆与其他车辆在空间上分流。该方式与其他车辆之间不产生任何互相干扰，基本上可实现无延误地通过交叉口，然而这种方式的占地空间大，造价高，因此比较适用于交通流量繁重、已接近或达到饱和流量的交叉口，但对于资源紧缺的城市交叉路口不便使用。

（2）平面交叉方式

平面交叉口的 BRT 优先控制方式分为：

①空间优先

通过设置各类 BRT 专用进口道的方式，使得 BRT 车辆在独立的、与其他车辆无干扰的专用车道上排队进入平面交叉口。

②时间优先（信号优先控制）

BRT 车辆在交通信号上的优先政策，主要体现在交叉口处 BRT 优先通行的信号控制上。

BRT 在交叉口的时间优先技术主要通过调整信号周期来减少或消除红灯时间

由此可见，采用平面交叉口信号优先控制技术可以提高 BRT 的运营速度，增强乘客乘坐 BRT 的吸引力，然而由于城市道路交叉口的形式多样，BRT 受到过街行人、违章行车等诸多因素的影响，这项技术的实施一直是 BRT 系统关键技术的难点问题。

四、出租汽车运营

（一）出租汽车客运企业管理

1. 出租汽车的内涵

出租汽车（taxi）是指充分满足乘客意愿而被雇用并按行驶里程、时间计费的营业汽车，是一种不定线路、不定车站、以计程或计时方式营业、为乘用者提供门到门服务的较高层次的公共交通工具。出租汽车作为城市定线公共交通系统的补充，具有快捷、方便、舒适的特点和优势。出租汽车的发达程度，反映了城市的经济发展水平和市民生活质量水平，也反映了城市的现代化总体水平。随着人民生活水平的不断提高，对出行的要求也逐步提高，出租汽车受到越来越多的短途（市内）出行者的青睐。

2. 出租汽车的经营模式

出租车的划分，是以企业经济的属性为根据的，如私营、集体、股份制以及国营还有合伙等各种形式。不过因为出租公司所经营的方式较为特殊，其车辆的经营权总是频繁的更新或者是易主，而产权关系的转换也是常事，企业内部存在复杂的产权关系、多变又多样的经营模式，就目前市场现存状况出租汽车经营模式主要有承包经营、挂靠经营、个体经营和公车公营 4 种。

3. 出租汽车客运企业的管理

出租汽车企业对出租汽车管理的水平高低，直接影响着行业的整体形象，决定和制约着整个出租汽车客运市场的健康发展。出租汽车企业对出租汽车进行科学、系统、规范、有效的管理，是繁荣出租汽车客运市场的根本途径。出租汽车企业对出租汽车管理的主要内容包括以下 4 个方面：

（1）服务管理

为出租汽车驾驶员提供完善的服务是出租汽车企业的工作重点，对出租汽车实行组织化管理不但是社会的要求，同时也是方便出租汽车驾驶员经营的需要。

（2）安全管理

出租汽车的营运安全，是优质服务的主要标志之一，也是营运生产活动的基础。

（3）培训管理

出租汽车驾驶员来自社会各个层面，思想素质和业务能力有高有低，加强岗前和岗位培训是提高驾驶员综合素质的主要途径，也是保证行业稳定发展和整体服务质量的基础。

（4）监督管理

出租汽车客运经营行为的服务质量，一方面靠管理部门的监督检查，另一方面也有赖于出租汽车企业日常的监督管理。

（二）出租汽车客运行业管理

出租汽车行业管理，是根据国家政策、有关法规，对出租汽车行业经济活动进行政策指导、计划调节、法规保障及行政指令等各项工作的统称。

出租汽车行业是一项商业性质的营利活动，管理出租汽车行业主要是根据国家的政策、法规和地方政府的法规保障合法经营，保护乘客消费者的权益，规范出租汽车行业的市场，提倡公平竞争，打击非法经营，建立一个健康、有序、规范、良好竞争的出租汽车市场。

1. 出租汽车需求量预测

（1）影响城市出租汽车总量的因素

①宏观影响因素

宏观影响因素包括以下几个方面：一是城市经济发展水平。经济的发展促使旅客时间价值相对提高，一个地方经济发展水平与该地人们对出租汽车的消费需求成正比，即经济发展水平越高的地区人们更舍得消费，对出租汽车的消费需求越高，这样挥手即来的出租汽车便成了人们出门的首选。二是人口数量，出租汽车的需求与人口数量成正比，在人口数量多、人口更密集的城市，人们对出租汽车的需求更高；反之，在人口数量较少的城市，人们对出租汽车的需求量也较低。三是收入和消费水平。收入和消费水平与人们对出租汽车的选择性成正比，人们的收入水平越高，消费水平自然就高，更多的人出行时会愿意甚至喜欢出租汽车这种方式。四是道路交通的完备。城市道路交通的完备量决定了出租汽车在城市中的密度和行驶的速度，一个城市的道路交通网比较完善，出租汽车在道路上的行驶速度也更快，人们更愿意选择这种快速的出行方式；交通网络越密集，人们更愿意选择一种直接到达、便捷的出行方式。五是城市布局结构。城市的不断拓展使得城区的面积不断加大，其扩展方式一般是向周边的郊区做横向或纵向的扩展，这样城区面积扩大了直接延长了城区的距离，而出租汽车是在城区里最适合中长距离的交通方式，因此城市的布局结构中中长距离的路段更多，出租汽车的使用性更高。六是政府出台的有关出租汽车的政策。这些政策主要分两种，一种是扶持政策，另一种是限制政策，前者会扩大城市中的出租汽车市场，后者会缩减出租汽车市场。如今政府对出租汽车行业还是以支持和倡导为主，毕竟出租汽车行业不仅为国民收入做贡献，而且便于人们的生活。七是旅游资源的发展推动出租汽车的发展。如果一个城市的旅游资源丰富，那么在旅游资源附近的出行、住宿、饮食等行业都会迅速发展，人们一般外出旅游都会选择出租汽车的方式，既节省时间又舒适便捷。

②城市出租汽车自身

城市出租汽车自身包括以下两个方面：

A. 运价

尽管出租汽车主要服务的是高收入人群和应急出行的人群，运价的弹性相对较低，但运价提高时，出租汽车运输需求同样会减少，也就影响了出租汽车的容量。

B. 服务质量

出租汽车的服务质量降低，乘客的不满意程度就大，一部分原来乘坐出租汽车的乘客有时候转向其他交通方式出行，这也就影响了城市出租汽车的容量。

（2）出租汽车需求量供需平衡预测法

供求关系是市场经济的基本原则之一，即平衡供求关系才能在市场中获得更大的收益。出租汽车行业亦是如此，出租汽车的需求和供给紧密相连，互相补充。当出租汽车的供给小于需求，出现供不应求的情况，人们打车很难，这就与便于乘客出行的原则相悖；当出租汽车的供应大于需求，供过于求，出现出租汽车资源过剩。因此，一个城市或地区出租汽车数量的多少要根据需求量来确定。

2. 出租汽车数量的管制

出租汽车的数量管制是指管理机构根据消费者需求及城市公共交通发展状况，对经营出租汽车业务的机动车数量加以控制。

（1）出租汽车数量管制的合理性

①缓解城市交通拥挤状况

出租汽车本身作为城市中的公共交通工具，相比私人小汽车就已经是实现了资源共享，缓解了城市的交通状况。但如果不对出租汽车的数量进行管制，则会造成资源过剩。因此，共享的出租汽车一定程度上减轻了道路负担。

②保证服务质量和安全水平

对出租汽车实行数量管制，一定程度上增加了行业的准入门槛和进出行业的成本，一旦出租汽车市场出现供小于求时，大量人员开始涌入出租汽车行业，导致资源过剩，造成供过于求，出租汽车司机为了争取更多的资源只能追求速度、延长工作时间，这样就对安全性和服务质量没有保障。

③鼓励投资网络呼叫中心

随着网络化的发展，出租汽车也要实现现代化的升级，即需要在出租汽车上增加 GPS 定位系统和网络呼叫中心，以便加强总公司对各辆出租汽车和司机的管理和监督，而且安装网络呼叫装置也便于联系。

（2）出租汽车数量管制的评估方法

①每千人拥有出租汽车数量

按照城市中每千人拥有出租汽车数量来评估供需均衡状况，出租汽车拥有量的下限，即大城市不少于 2 辆/千人，小城市不少于 0.5 辆/千人，中等城市可在其间取值。

②等车时间

所谓等车时间，是指从消费者为了乘坐出租汽车站在街道边等车到乘坐一辆出租汽车的时间。

③有效载客率

有效载客率又称有效里程利用率，是指每辆出租汽车平均在每天运营时间内，载客里程占总运营里程的比例。

④呼叫回应时间

出租汽车在收到通信网络中心叫车信息时间到指定地点接到消费者为止的时间长度，称之为回应时间。

3. 出租汽车车型结构的确定

在确定城市出租汽车的车型结构时，必须综合考虑以下几个影响因素。

城市经济发展水平。各个城市经济水平上存在一定差异，而经济水平与居民的收入水平和消费水平成正比，因此在出租汽车的选择上要综合考虑各地的经济发展水平。经济水平较高的地方可以选择租价更高的出租汽车；经济水平较低的地方可以选择租价稍低的出租汽车。

城市性质和发展定位。不同城市定位对出租汽车的需求也不一样，比如以工业为主和以旅游业为主的城市在对出租汽车的需求上有很大的差异。以服务业为主的城市对高档次的出租汽车的需求更大。

城市政策因素。城市的政策对出租汽车行业的发展和车型的选择有一定影响，为了城市规划和城市的市容市貌一般政府会选择更适合城市的出租汽车车型。

环保需求。随着人们的环境意识越来越强，人们一直倡导绿色出行，因此在城市中污染度低、绿色环保的出租汽车车型更受欢迎。

各个城市和各种阶层的居民在选择出租汽车时，主要考虑以下因素：舒适度、安全性、美观性、宽敞度、耐用性、环保性。因此出租汽车制造商可以根据人们对出租车的需求要素为出租车行业制定更合适的出租汽车。同时随着信息技术和互联网的发展，出租汽车的联网和通信是必然趋势。

4. 出租汽车运价管理

（1）影响出租汽车价格的因素

①运输成本

成本是制定出租汽车价格首先要考虑的问题，出租汽车行业毕竟是一个商业性的营利活动，追求最大的经济利益是终极目标。因此在制定出租汽车价格必须要考虑出租汽车在行驶和载客过程中的各项成本支出，比如耗油量、汽车的损耗。

②供求关系

市场经济中供求关系是价格规律的基本原则，供求关系和出租汽车的价格是相互影响的关系，出租汽车的价格以城市中对出租汽车的供求来确定，出租汽车价格的调整也能改变城市中出租汽车的供求。

③经济发展水平

一个城市经济发展水平的高低直接影响人们对出租汽车的需求，在经济发展水平越高的城市，人们更加追求高品质的生活，出租汽车的便捷性是他们出行的首选，而且他们还对出租汽车的安全性、服务性、舒适度等各方面提出了更高的要求。因此在制定出租汽车价格时要考虑城市的经济发展水平和居民的消费能力，在这两者中追求出租汽车市场的利益最大化。

④政策因素

由于我国城市出租汽车租价采取的是由国家定价形式，因此在一定时期内，国家相关政策及城市的发展政策也是出租汽车价格形成和变化的重要因素。

⑤外部成本的影响

除以上一些常见的因素和成本支出以外，出租汽车价格的制定还受其他一些外部因素的影响，比如出租汽车的停车和行驶都占用了较大的城市面积，增加了其他交通工具的负担，而且日积月累的行驶对道路也有一定的损耗，这无形中增加了社会支出；出租汽车排出的废气、产生的噪音对人们的生活有一定影响，降低了人们的生活质量。

（2）出租汽车价格确定方法

通过利润来推算价格。出租汽车价格的制定可以根据行业的平均利润和平均效益来制定，在保证能获得的最低的经济效益下再适度调整价格，以获得更大的收益。

通过供求来制定价格。出租汽车价格的制定在总量控制的原则下，在一定的成本范围内，参考需求和价格之间的浮动关系，制定出租汽车的价格。

出租汽车价格的制定，一方面，应与城市经济发展水平和人均可支配收入相适应，保证行业一定的利润率；另一方面，根据不同时期出租汽车的功能定位适时调整运价，通过价格机制的作用实现运力结构的调整和供求平衡。

5. 出租汽车行业的指导监督

出租汽车行业的规划和法规的实施主要体现在行业管理的指导与监督，这也是行业管理的主要日常工作。出租汽车行业指导监督的主要内容是保证出租汽车的“六个统一”。

（1）统一出租汽车的车辆要求

由于出租汽车在服务上具有方便、舒适、迅捷和安全等特点，因此必须对投入营运服务的出租汽车的要求做出统一规定，包括车辆的技术性能，车辆上的空调、音响、计费器及报警器等设施的要求，还要对用车品牌、车型及排量等做出规定。

（2）统一出租汽车的服务标志

为方便乘客租车和监督服务质量，出租汽车必须有统一的服务标志，包括顶灯、经营者名称、专用牌照、驾驶员服务卡、营运证及租价标准等，都要有统一的规定。有条件的城市还可以统一车身颜色。

（3）统一证件

为了提高出租汽车行业的经济效益和社会服务效益，必须对经营者、驾驶员、调度员及车辆加强管理和监督，以提高行业素质。对经营者，应就开业、临时停业、歇业、车辆增减及经营方式等方面，根据实际情况制定统一规定；对驾驶员、调度员应在技术业务水平和职业道德等方面提出要求，并对培训工作做出规定；对车辆是否符合统一规定的要求也应定期检验。要保证这些规定的实施，现在通常采用的手段是颁发各类合格证件，如对合格的经营者发经营许可证；对合格的驾驶员发准驾证；对符合规定要求的车辆发营运证。统一证件是行业统一管理的重要手段。

（4）统一运价

要贯彻“多家经营，统一管理”的方针，必须统一行业运价。根据优质优价的原则，对不同车辆车型、不同使用时间、不同驶经地点、舒适条件及车辆新旧程度等因素考虑，制定出行业统一运价，促进行业内公平竞争。

（5）统一发票管理

发票是乘客监督投诉的依据，必须对发票的式样、使用和管理做统一规定。

（6）统一监督、处罚规定

统一监督、处罚规定具体包括：建立专职稽查队伍进行监督检查；定期或不定期地与工商、税务、公安及物价等管理部门开展联合大检查，组织经营单位的检查人员统一行动、联合检查；设立义务和特约监督员，帮助客运管理部门随机检查；做好投诉处理工作，鼓励社会监督。

（三）出租汽车运营组织

出租汽车的运营模式相当于出租汽车公司把一辆出租汽车租赁给个人，个人成为这辆车的租赁者后要负责这辆车一段时间内的经营管理，比如客人招揽、费用结算、现金的保管都是出租车司机一人完成，而且一辆车只能有一个司机。出租车司机作为租赁者要想尽各种办法在规定的租赁时间内赚更多钱，比如提高服务质量、稳定驾驶，这些对业务量产生一定影响。

1. 出租汽车服务的基本要求与管理

服务组织（service organization）是指提供出租汽车客运服务的组织。服务组织在向乘客提供服务时必须符合一定的要求。

（1）基本要求

必须坚持、遵守国家的政策和规定、要求，明文规定不允许做的坚决不做。

秉持顾客是上帝的原则，要全心全意为乘客服务。

保证为乘客提供服务的出租汽车车辆是规范的。

保证为乘客提供安全、舒适、文明、便捷的服务。

保证满足乘客一切合理合法的需求，不论是在酒店、机场、火车站，招手即来。

在公共道路上行驶保证遵守交通规则。

（2）服务管理

①服务人员应该经过系统、全面的培训，拥有相关从业资格证，了解相关法律法规和政策要求，熟练掌握岗位的技巧和能力。②服务组织应该具备营业、车辆经营、驾驶等相

关的证件，才能合法经营，同时要建立健全组织内的管理制度。③服务组织内部应定期开展服务人员的自我考核，比如服务质量、职业技能、职业道德等，也不定期通过乘客开展服务调查，不断改进。④服务组织内的服务人员，特别是驾驶人员要定期进行身体检查，用健康的身体保证工作的顺利开展。

2. 出租汽车营运方式

城市客流具有的流量大、流向分散、运距短、上下车频繁及流时分布复杂等特点，决定了出租汽车营运方式的多样性和不固定性。目前，根据各城市出租汽车的营运情况，出租汽车基本的营运方式有以下几种：

（1）扬手招车服务

处于待租状态的出租汽车在允许停靠的路段上，应停车满足扬手招车乘客租车需求，这是出租汽车营运的主要方式，尤其是在出租汽车业务量大、车辆多的大城市可以此作为主要经营方式。

（2）预约租车服务

城市出租汽车应能满足乘客通过电信、网络等途径提出的预约租车要求，并提供准时的服务。在出租汽车业务密集性小、车辆不多的中小城市，或城市道路资源比较紧张及节能环保要求的情况下，预约租车服务应作为主要的经营方式。

（3）站点租车服务

在设有出租汽车营运站点的地方，应按乘客要求，提供出租汽车服务。乘客步行到就近的机场、码头、火车站及其他出租汽车营业站租车，营业站点设专职调度人员，顺序候车，依次发车，尽力缩短乘客候车时间。

（4）包车服务

在协议时间内，应为乘客提供满足其对出租汽车特定的需求服务。这种营运服务方式既方便了用户用车，又有利于稳定客源。

3. 出租汽车调度工作

出租汽车的营运任务最终是以落实车辆供应、满足旅客运输需求来完成的。因此，及时、有效地提供车辆是出租汽车组织的核心工作。而提供车辆的工作是通过两条渠道实现的：一是空车运行过程中旅客扬手招车；二是通过调度工作实现。

（1）调度方式

调度方式是在长期的营运生产实践中形成和发展的，它受制约于社会发展、城市建设、科技水平和通信设备等条件。调度方式是在调度原则确定后，根据通信设备、运能配置变化情况，以及承接的业务数量、类别和乘客要求而逐步发展形成的。

（2）调度形式

调度形式是调度方法的外部表现形态，主要有以下几种：

①电话接派

电话和网络等，调度室通过电话或网络直接或间接承接业务并直接或间接下达至驾驶员出车；

②站点接派

由站务人员与上站乘客成交业务，并直接或间接下达至驾驶员出车；

③现场调度

在大型活动、会议包车服务或大客流现场，调度室派人在现场直接调派车辆。

第二节　交通管控模式与城市轨道的融合

一、城市轨道交通网络运营管理模式

（一）城市轨道交通网络化运营模式建设的必要性

城市轨道交通运营管理工作的职责就是要对轨道交通运营中的载具、乘客、站点以及运营过程中所涉及到的各项事物展开全面的管理和控制，还有对于运营过程中所产生的各种数据进行相应的检测和统计。传统的轨道交通运营管理工作几乎只能够依靠相关工作员工进行人为地执行，这种执行方法存在着许多的缺陷，例如工作人员的工作量太大，工作压力较重，所需要耗费的人力资源也较多，还有工作效率和速度都较低。这样往往会导致在轨道交通乘车高峰期出现各种事故和问题，所以对于传统的轨道交通运营管理工作进行创新和改革是极为必要的。

我国的互联网技术已经发展较为成熟，将其进行合理地设计并且融入轨道交通运营管理工作中是现在城市轨道交通持续发展过程中的重要目标。互联网技术的合理应用能够帮助轨道交通运营管理工作的工作效率和工作速度得到有效的提升，并且能够节约轨道交通运营管理部门的人力资源，不用再安排大量人员长时间参与到轨道交通运营管理工作当中去，相关工作人员的日常工作量能够大量减轻，工作人员的工作压力减少，并且同时还能够大量降低对于轨道交通运营管理工作所投入的资金费用。

（二）城市轨道交通网络化运营管理模式的应用优势

根据一些已经在城市轨道交通运营管理工作中融入了互联网技术的城市所给出的反馈，他们利用互联网技术把当地轨道交通运营管理中各种信息和数据进行了收集和整理，并且利用互联网技术对这些信息和数据进行了合理的分析以及计算。这种方式所计算出来的结果更加精准，并且信息数据的收集和整理过程由计算机进行执行，这样会更加快捷、便利且准确。利用互联网技术还能够将相关的报表和资料进行准确地传输、储存或者打印，能够防止人为失误而导致重要信息的录入错误或者资料丢失。并且随着我国的经济不断建设和发展，现如今的城市轨道交通运营管理工作所涉及的范围和层面已经发展得更加广泛，这也导致仅靠人力工作无法轻易且彻底地完成某些运营管理工作。由此互联网技术的重要作用愈发彰显了出来，计算机运行的快速高效且全面的特性，使得那些需要花费大量人力物力去执行的轨道交通运营管理工作能够经过互联网技术的精确且迅速地统计和计算而轻松完成。并且经过我国互联网技术的不断创新和研究，适用于轨道交通运营管理工作中的技术类型也进行了多次地更新，现如今所使用的互联网技术更加便捷，更加全面，更加安全可靠。不过这仅仅是少部分的发达城市所能够达到的轨道交通运营管理工作水平，对于大部分依旧使用传统方式或者没有充分利用互联网技术的城市来说，他们并没有把网络化运营的效用真正充分地利用，从而使得现在国内的城市轨道交通运营管理工作的网络化建设依旧还有众多问题。

（三）城市轨道交通网络化运营管理模式建设的有效方案

1. 智能信息管理系统的建设

在城市轨道交通运营管理中的信息管理系统的工作目标是要让当地各个轨道交通站点和轨道列车中的状况和消息能够及时地传达到轨道交通运营管理部门，然而智能信息管理系统的出现能够结合现代化的信息技术，以更加精准和更加快速的方式将各个站点的城市轨道交通信息和数据传达到交通运营管理部门的管控中心，并且这些信息和数据还能够通过轨道交通运营管理部门管控中心的工作人员进行适当整理之后共享到各个站点，对站点中的工作人员或乘客进行相关的信息公布和出行路线的相关建议，让众多乘客和工作人员能够了解到即时的轨道交通运营信息，对于自己的行程可以做出及时的打算和规划，从而减小城市轨道交通在高峰期出现混乱或拥挤的状况产生。

应用智能化信息管理系统的主要目的就是要帮助轨道交通运营管理部门人员的相关工作能够开展得更加完善。总的来说，智能化的信息管理系统所要能够达成的功能大致分为：（1）要能够随时对当地各个轨道交通列车以及站点中的一系列信息和情况做出监控。（2）要能够将系统所监控到的各处轨道交通信息进行数据整理和整合，然后把这些信息和数据及时输送到相应的轨道交通运营管理部门的管控中心。这样轨道交通运营管理部门的相关工作人员才能够对城市各地的轨道交通运营的状况进行实时的掌控，并且根据得到的信息和数据对于轨道交通运营管理过程中所出现的问题进行及时的人员调拨，让轨道交通运营管理人员能够及时前往当地进行事故处理或者人员疏导。从而让轨道交通运营管理的工作能够进行得更加有条不紊，让相关人员的工作压力获得减轻，让城市轨道交通的运营更加畅通和安全。

2. 对轨道交通运营管理部门人员进行充分的培训

对于城市轨道交通运营管理部门来说，应当对于轨道交通网络化运营管理工作建设的重要程度得到充分地认知，并且能够对于轨道交通运营管理部门的互联网技术培训以及相关设备的建设加大投资，让轨道交通运营管理部门的相关人员也能够认识到互联网技术的应用在他们工作当中的重要性，并且受到充分的相关互联网技术的培训之后也能够让他们在操作相关设备的时候能够更加熟练，让他们的工作效率和准确度也能够获得进一步地提升。而且对于一些具备相关互联网技术专业知识的人才也应当进行针对性地培养和嘉奖，让这些专业人才能够在工作中不断创新研究相关软件和互联网技术，让轨道交通运营管理工作在网络化的合理建设中获得更加有效的发展。

二、城市轨道交通信息集成技术

传输系统是城市轨道交通信息通信系统的核心，各类数据信息都需要经过传输系统才能达到系统中心，而从我国城市轨道交通的发展情况分析，其本身具备相当复杂的层次，列车运行中可能遇到各种各样的问题，要求管理人员必须做好列车内部状况的实时监控，保证信息传输的及时性、可靠性和透明化。在遇到突发状况时，传输系统必须能够及时采取应对措施，做好灾害处理，向工作人员发送报警信息。城市轨道交通信息通信系统中的关键技术大致可以分为三种类型：

（一）同步数字传输技术

同步数字传输技术在电信骨干网络中发挥着非常重要的作用，与开放式网络传输技术相比有着更加明显的优势，因为其本身具备了统一的国际化标准水平，系统能够实现及时的更新换代。不仅如此，同步数字传输技术还具备相应的网管功能和自愈性，这也是其他技术无法比拟的优势。当然，在实际应用中，同步数字传输技术同样存在一些缺陷和问题，如其本身的关键服务项目是语音业务，数据业务及图像业务并不能取得理想的应用效果。

（二）异步转移模式技术

异步转移模式技术可以依照不同的业务，提供对应业务，使用户获得更好的服务和体验。以视频业务为例，异步转移模式技术属于一种面向连接的技术，促进宽带利用率的提高。在实际应用层面，异步转移模式技术的优势体现在两个方面：一是服务对象多样化，可以为不同类型的业务提供各种服务；二是能够促进宽带利用效率的提高，以连接为对象的异步转移模式技术可以借助相应的统计复用功能，对宽带利用效率进行提升和优化。在技术应用过程中应该注意，异步转移模式技术本身的复杂性会对其应用的准确性及可靠性造成影响，而且投入成本偏高，可持续发展能力不足。新时期，通信技术的飞速发展带动了城市轨道交通业务的繁荣，对于宽带需求也在不断提高。面对新的发展环境，城市轨道交通信息通信系统技术出现了新的变化，一些更加先进的技术，如千兆以太网，能够实现与以太网以及快速以太网的高度兼容，具备较为明显的直接性和快速性，能够实现数据信息的长距离传输，能够对传统以太网中存在的缺陷进行弥补；粗波分复用技术不仅操作简单，成本低廉，而且容量相对较大，将其应用到城市轨道交通信息通信系统中，有着良好的可行性。

（三）开放式网络传输技术

开放式网络传输技术与其他两种技术相比，有着更好的稳定性，数据类型丰富且接口型式多样，能够满足不同层次人群对于信息通信的不同需求，也可以提供专业化的服务。不过，开放式网络传输技术本身并不具备统一的国际化标准，无法很好地适应新形势下的创新发展要求，加上技术的封闭性对于系统优化升级形成了阻碍，在新的发展环境下，该技术已经逐渐无法满足轨道交通信息传输的现实需求，技术人员必须做好相应的优化和调整。

（四）城市轨道交通信息通信系统相关子系统

1. 电话系统

一是公务电话系统，在城市轨道交通控制方面的应用较为广泛，是城市轨道交通运行控制中一种不可或缺的工具，其本身的功能体现在内部交通线路的普通公务电话网层面，能够实现市话网与各种公务电话网的有效连接，对于轨道交通内部线路，可以通过拨号来实现直接通话，如果需要与公用电话网的用户通话，可以借助全自动或者半自动出入局来完成呼叫。以此为基础，公务电话系统具备一般程序控制系统所不具备的独特功能，如其能够与时钟系统的时间保持高度一致。二是专用电话系统，能够保证轨道交通行车指挥及轨道交通系统的正常可靠运行，确保工作人员更好地指挥列车运行，完成既定操作目标，实现对于行车的有效调度。专用电话系统与公务电话系统存在很大的差异性，从保证系统稳定可靠运行的角度，需要将电话系统设置在列车内部的一些主要位置，确保在出现突发状况时，能够及时做好报警，完成列车整体电力及防灾调度，于基本通信层面，提供相应的站间电话以及紧急电话业务。在列车运行环节，专用电话系统的主要功能就是列车运行指挥和行车调度，确保在发生紧急状况时，能够通过热线电话来帮助人们及时了解具体情况。技术人员在对城市轨道交通信息通信系统进行设计的过程中，必须确保系统可以为运营机构提供良好的信息交互手段，通过合理有效的地铁调度来保证乘客的出行效率和出行安全。具体来讲，城市轨道交通信息通信系统的设计应该满足可靠性和先进性的原则，消除子系统中存在的隐患，保证接口的顺利匹配，同时为系统功能扩展提供便利。

2. 闭路系统

闭路电子监控系统能够结合相应的图像通信功能，实现实时记录和跟踪监控，同时也必须具备优秀的指挥性能和管理性能，为城市轨道交通调度与管理的自动化提供良好保障。与其他系统相比，闭路电子监控系统最为显著的优势体现在图像跟踪方面，这里的图像跟踪属于动态图像跟踪，能够使得车站、列车以及传输中心之间的信息传递变得更加简单快捷，提升信息传输的质量和效率，也可以根据实际情况，采用不同的信息传输形式。在实际应用中，由于车站和监测中心之间的数据传输对于传输速率并没有很高的要求，从降低成本的角度，并不需要设置高速宽带，只需要借助相应的低速数据业务就能够满足实际需求。在闭路电子监控系统中，异步传输技术（ATM）是一种比较常见的传输技术，能够依照小组的方式进行比特发送，也可以从实际需求出发，开展带宽连接，促进系统运行效率的提高。在闭路电子监控系统中，还包含了相应的时钟系统，能够为运行管理提供相应的时间参考，对于列车运行而言意义重大，因为轨道交通系统中，列车运行速度很快，如果无法准时运行，或者无法保证轨道的正常运行，则可能引发严重后果，而时钟系统的应用，能够借助 GPS 实现对于信息的高效传输和接收，形成高度统一的时间标准。不仅如此，轨道交通系统中，想要切实保证列车的高速安全运行，同样需要具备较高可靠性的通讯系统以及高素质的列车员作为支撑，要求相关工作人员必须熟悉整个信息通信系统的运行情况，做好不同通信技术的深入研究，逐步构建起通信稳定、容量大且控制程度高的城市轨道交通信息通信系统。

三、城市轨道交通出行智能优化技术

随着城市化进程的不断加快，城市中的交通网络不断扩大，如何整合交通信息，优化大家的出行方式，是目前城市轨道交通路径优化面临的最大难题，以往常使用的图论方法和静态路径诱导法不适合如此大的交通网络。前者计算量大、计算时间长，难以迅速做出优化；后者以道路质量和几何距离为算法依据，是一种比较理想的状态，无法体现交通网络的变化性和实时性。

因此，加强城市轨道交通多模式及多目标智能诱导优化方法研究具有十分重要的理论意义和实用价值，将有助于轨道交通和常规公交的协调优化调度，大大缩短人们的出行时间，提高舒适度，从而提高公交系统的服务水平和公共交通的吸引力，刺激城市公交的发展，优化城市居民出行结构，形成统一的城市客运体系。

四、城市轨道交通客流预测技术

城市轨道交通的列车开行必须以客运量为基础，以客流性质、特点和规律为依据，科学合理地安排列车种类、起讫点、数量、运行交路、编组、停站方案、列车席位利用、车体运用等方案。也就是说，人流量的多少是是否开设轨道交通列车的首要因素。目前国内许多列车所停的站台和路线的设置都是按照客流量来分布的，这既使交通的列车设备实现了最大的经济效益，又方便了大客流量地区的出行需求。

五、城市轨道交通票务清分技术

城市轨道交通是个复杂、巨大的工程，庞大的客流量，复杂的路线规划，各种轨道交通之间的差异，客流量和车站流量在时间、空间上的分布不均，这些都是导致轨道交通复杂的主要因素。运营线路分属不同的投资和运营主体还会产生如何将票务收入在不同主体之间进行清分的问题。传统的票务清分方法有两种：一是客流均衡模型，认为客流会均衡地分布在不同线路上；二是广义费用分析方法。这些方法在实际运营管理中的使用效果还不尽如人意。

第三节　城市交通与经济的协调发展

城市交通发展与城市经济发展互为前提和基础，其发展水平的高低也直接影响到国民

经济的发展速度。随着国民经济的不断发展，资源和要素的充分自由流动，导致了社会经济发展对交通存在一定的依赖和需求关系。

社会经济的发展对城市交通提出更高的要求，这必然推动城市交通的不断增长和系统的更新，这也是当今中国城市化进程日益加速的必然趋势，而且交通网络的不断扩展不仅提高了人们的出行速度，而且极大地降低了贸易中的交易支出，将“远距离”变成“近距离”，对经济的发展和人们生活水平的提高以及社会的进步都有很大的影响。

一、城市交通系统与经济系统的关系

城市交通与经济发展密不可分，交通系统是经济活动高效运转的重要保障。城市交通与经济系统之间的关系较为复杂，主要表现在以下几个方面：

（一）交通系统为城市经济发展提供保障

交通系统为城市社会经济活动提供必要便利，是城市经济发展的重要保障。交通设施建设和交通网络优化，对吸引投资和人才、促进市场开发、优化产业布局、提高资源流动效率、提高经济活动的速度和效率等方面都有着重要的意义。

（二）城市经济发展对交通系统的需求日益增长

城市经济的不断发展以及人口和车辆数量的急剧增加，对城市交通系统提出了更高的要求。同时，交通系统的滞后会影响到城市经济的发展。所以说，城市交通与经济系统是相互依存的。

（三）交通系统会影响到城市经济发展的质量和效率

便捷、高效的交通系统可以促进城市经济的发展。交通系统的滞后和不完善，将使得城市经济无法高效运转，阻碍市场化流通，阻碍市场活力，形成交通拥堵，影响居民生活质量等问题。

二、城市公共交通与国民经济发展

城市国民经济的发展，一方面为城市公共交通建设提供了必要的物质与资金基础；另一方面时间和空间上的分布不均也使得各地的交通需求产生了一定的差异。特别是人们的收入的差异使得人们在交通工具的选择和对交通的需求上也发生了一些变化。收入高的群体对交通的需求较多，比如上下班、出行旅游，家庭中在交通上的花费更多。同时他们不仅追求高速、便捷、安全、舒适的交通方式，服务态度也是他们选择交通方式的主要因素之一。

公共交通现在已经成为国民经济发展的有力支撑。主要体现在两方面：一是公共交通网络的扩展带动了各地经济和各个行业的发展，比如出行速度的提高极大地刺激了人们的出行需求，带动了旅游业的发展，许多风景优美的地方开发成旅游景点，当地经济得到迅速发展，同时人们能接受更好的教育和更好的医疗服务，进行更加丰富的休闲娱乐活动；二是公共交通的多样化发展和规模的扩大，不仅使之成为国民经济重要的组成部分之一，而且推动了社会现代化进程的加快。

三、机动车保有量与国民经济发展

随着社会经济发展和城镇化水平提高，居民出行机动化也进入快速发展阶段。机动车保有量（包括汽车、摩托车、拖拉机、其他机动车等）近年来增长速度加快，私人机动车的增长速度明显高于全市机动车的增长速度，所占比重逐年递增。

四、城市道路建设与国民经济发展

我国经济发展势头蒸蒸日上，城市道路建设的步伐越来越快，新建了许多道路，也在原有道路的基础上通过改建和扩路的方式提高了全市路网的质量。城市道路建设速度一直保持在中高速，由被动发展模式转向了主动发展模式，新建道路和完善道路结构并重。

城市交通与经济系统的协调发展需要考虑到诸多方面。主要包括以下几个方面：

（一）交通规划与发展要与城市发展相适应

在城市规划中，必须从中长期的发展角度出发，加强交通规划和城市总体规划的联系，在城市经济发展中统筹考虑交通设施建设及其投资和收益的关系，确保交通系统建设与城市经济发展相互适应，以满足城市经济发展和交通出行需求的不断增长。

（二）提高交通出行效率和交通质量

通过加强城市交通运输设施建设和改造，优化交通路网布局和交通组织，提高交通出行效率和质量，减少交通拥堵和交通事故等问题，增强城市交通运输的安全性和便捷性。

（三）加强城市交通运输安全保障

城市交通系统的安全问题直接影响到城市经济和社会的稳定，必须加强城市交通安全保障，提高公共交通工具和私家车使用者论安全知识和技能，加强城市交通管理，预防和减少交通事故的发生。

（四）推动绿色出行方式的发展和推广

积极推广和发展公共交通和非机动交通方式，加强公共交通的覆盖率，鼓励居民绿色出行，减少私家车的使用，以降低城市环境污染和交通拥堵，改善城市居民的生活环境，从而推动城市经济和社会的可持续发展。

城市交通系统与经济系统的协调发展是当前城市规划和发展中的一个重要课题，必须始终把交通问题与城市经济的发展紧密结合在一起来考虑。只有做好城市交通运输规划，加强交通设施建设和管理，实现城市交通与经济的协调发展，才能够更好地促进城市经济和社会的发展，提高居民生活质量，实现城市可持续发展的目标。

参考文献

[1] 丁亚民，司炜. 城市交通规划与管理研究［M］. 长春：吉林人民出版社，2023.

[2] 周德胜. 城市交通规划设计与路桥工程建设［M］. 长春：吉林科学技术出版社，2023.

[3] 刘艳忠，宋炳强，刘中原. 城市道路交通规划设计与地质勘察［M］. 哈尔滨：哈尔滨出版社，2023.

[4] 刘武君. 交通与城市规划丛书：门户型交通枢纽与城市空间规划［M］. 上海：同济大学出版社，2023.

[5] 石京. 城市道路交通规划设计与运用［M］. 2 版. 北京：人民交通出版社，2023.

[6] 陈波，张军，徐东. 城市轨道交通与运输［M］. 哈尔滨：哈尔滨出版社，2023.

[7] 林涛. 山地城市土地利用与交通一体化规划设计［M］. 重庆：重庆大学出版社，2022.

[8] 林南南. 高等学校城市轨道交通运输专业教材交通运输系统规划［M］. 北京：中国铁道出版社，2022.

[9] 赖元文，王振报，黄海南. 城市交通规划［M］. 北京：中国建筑工业出版社，2022.

[10] 邵春福. 城市交通规划［M］. 2 版. 北京：北京交通大学出版社，2022.

[11] 陈峻，刘志远，裴玉龙. 城市广义枢纽与多模式交通网络协同规划理论与方法［M］. 北京：人民交通出版社，2022.

[12] 曲秋莳，许波. 互联网+教科书十三五职业教育国家规划教材：城市轨道交通车站设备［M］. 3 版. 北京：人民交通出版社，2022.

[13] 张文佳. 城市时空行为规划研究［M］. 南京：东南大学出版社，2022.

[14] 曾亚武，吴月秀. 城市地下空间规划［M］. 武汉：武汉大学出版社，2022.

[15] 段明华，胡永军. 城市轨道交通综合监控技术与应用［M］. 合肥：中国科学技术大学出版社，2022.

[16] 彭骏钟. 城市轨道交通屏蔽门技术与应用［M］. 合肥：中国科学技术大学出版社，

2022.

［17］ 李璐. 城市轨道交通概论［M］. 北京：北京理工大学出版社，2022.

［18］ 邵春福，魏丽英. 城市交通系列教材：城市交通概论［M］. 2版. 北京：北京交通大学出版社，2022.

［19］ 袁胜强. 城市快速路规划设计理论与实践［M］. 上海：同济大学出版社，2022.

［20］ 王彧，吴云波，李健. 城市轨道交通环境影响控制与管理［M］. 南京：河海大学出版社，2022.

［21］ 张泉艳，刘建强，周勇. 城市轨道交通规划设计与建设管理［M］. 北京：中国石化出版社，2021.

［22］ 夏海山著，林春翔著，刘晓彤. 当代城市轨道交通枢纽开发与空间规划设计［M］. 北京：中国建筑工业出版社，2021.

［23］ 李伟. 城市轨道交通需求分析与线网规划［M］. 成都：西南交通大学出版社，2020.

［24］ 关宏图，朱晶，赖琰. 城市道路交通系统可持续发展规划设计［M］. 北京：北京工业大学出版社，2020.

［25］ 池利兵，冷海洋，程国柱. 城市轨道交通线网规划指南［M］. 北京：中国建筑工业出版社，2020.

［26］ 孙晓梅. 城市轨道交通运营管理［M］. 北京：中国建材工业出版社，2020.

［27］ 涂晓燕，夏刚毅，黄朝福. 城市轨道交通服务质量管理［M］. 成都：电子科学技术大学出版社，2020.

［28］ 邹雄，梁晓芳. 城市轨道交通企业班组管理［M］. 成都：西南交通大学出版社，2020.

［29］ 张秀芳. 城市轨道交通运营管理概论［M］. 北京：北京航空航天大学出版社，2020.

［30］ 王松，王武斌，王艳艳. 城市轨道交通投资建设造价管理［M］. 成都：西南交通大学出版社，2020.

［31］ 曹弋. 城市综合交通分析方法与需求管理策略［M］. 北京：北京交通大学出版社，2020.

［32］ 韩佳彤. 城市轨道交通建设工程环境风险管理指南［M］. 北京：北京理工大学出版社，2020.

［33］ 林茂. 城市轨道交通安全管理［M］. 北京：中国劳动社会保障出版社，2020.

［34］ 张苏敏. 城市轨道交通班组管理［M］. 2版. 北京：中国铁道出版社，2020.